高等职业教育机电类专业"十三五"规划教材

数控机床电气装调与维修

冯金冰　主　编

尹昭辉　邹　强　曹　剑　副主编

中国铁道出版社有限公司
CHINA RAILWAY PUBLISHING HOUSE CO., LTD.

内 容 简 介

本书基于数控机床电气安装调试与维修的工作过程，以九个典型的项目为教学载体，嵌入数控机床装调维修工职业资格标准，以点带面、由浅入深地进行数控机床装调与维修知识及方法的讲解，并强调安装调试与维修技能的训练。

本书语言通俗易懂，并配有大量插图，易于学生掌握。

本书适合作为高职高专数控和机电类专业相关课程教材，也可供一般数控技术培训机构使用。

图书在版编目（CIP）数据

数控机床电气装调与维修/冯金冰主编．—北京：
中国铁道出版社，2019.1（2020.8重印）
高等职业教育机电类专业"十三五"规划教材
ISBN 978-7-113-24569-6

Ⅰ. ①数… Ⅱ. ①冯… Ⅲ. ①数控机床-电气设备-
设备安装-高等职业教育-教材②数控机床-电气设备-
调试方法-高等职业教育-教材③数控机床-电气设备-
维修-高等职业教育-教材 Ⅳ. ①TG659

中国版本图书馆 CIP 数据核字（2019）第 004769 号

书　　名：数控机床电气装调与维修
作　　者：冯金冰

策　　划：朱荣荣　何红艳		读者热线：（010）83552550
责任编辑：何红艳　包　宁		
封面设计：付　巍		
封面制作：刘　颖		
责任校对：张玉华		
责任印制：樊启鹏		

出版发行：中国铁道出版社有限公司（100054，北京市西城区右安门西街 8 号）
网　　址：http://www.tdpress.com/51eds/
印　　刷：北京铭成印刷有限公司
版　　次：2019 年 1 月第 1 版　2020 年 8 月第 2 次印刷
开　　本：787 mm×1 092 mm　1/16　印张：15.75　字数：371 千
书　　号：ISBN 978-7-113-24569-6
定　　价：45.00 元（含实训手册）

前 言

随着《中国制造2025》规划的稳步推进，数控行业将会迎来新的发展机遇和发展空间。提高数控化率作为"中国制造2025"的目标之一，将会引领数控机床的普及率不断提高，伴随而来的是数控机床装调与维修人才的需求极速增长。编写本书的目的是更好地为数控机床装调与维修技术学员提供一本通俗易懂的教材，同时也为探索如何培养数控机床装调与维修人员提供一种思路和方法。

数控机床装调与维修技术是一门涉及机械、电气、电子等多个学科知识的综合性、理论性和实践性都很强的技术。学习本门课程前，需有机械制图、机床电气与PLC、电工电子技术等多门专业基础课程的基础。

由于数控机床装调与维修技术理论生涩难懂、实践操作性强，因此本书选取国内普遍应用的主流数控系统FANUC 0i-D系统为载体，从数控机床电气安装调试过程出发，从数控系统硬件连接、电气安装、主轴调试、参数调试到数据备份，以数控机床装调与维修国家职业资格标准为要求，精心选择教材内容，以理实一体化任务驱动式为编写体例。每个项目均由若干任务组成，每项任务有任务描述、任务分析、相关知识、任务实施、任务拓展（部分任务有）等几部分。

本书由九个项目组成：主要内容包括数控机床装调维修工工种认识、数控机床电气系统的硬件连接、FANUC PMC的编程与调试、FANUC系统参数的设置、模拟主轴调试、调试电动刀架、FANUC系统诊断与维护画面、参考点的设定、数据备份与恢复。每个项目由若干个任务组成，通过具体任务实施来完成项目。

本书由冯金冰任主编，尹昭辉、邹强、曹剑任副主编。其中，冯金冰编写了项目一、项目二、项目八，曹剑编写了项目三、项目四、项目五，项目九，尹昭辉编写了项目六、项目七，邹强参与了统稿。

由于编者水平有限，书中的疏漏和不足之处，敬请广大读者批评指正。

编　者

2018年10月

目 录

项目一
数控机床装调维修工工种认识

认识数控维修职业

知识点：

- 认识数控类职业岗位；
- 企业对数控维修类人才的要求。

任务描述

现代数控机床是由机、电、液、光高度融合与集成，机电接口高度复杂，是典型的技术密集型的机电一体化产品，数控机床装调维修工需要在机械和微电子方面具备一定的理论基础与维修、调整技能，各方面对他们都提出了较高的要求。

根据数控机床装调维修工职业资格标准，学习数控装调维修工的分类、资格认证的方式及需要具备的知识，认识数控维修职业。

任务分析

数控机床装调与维修是做什么的？具体的工作任务是什么？数控机床装调维修工应该具备什么样的知识，带着这样的问题去学习，解决了这些问题即可初步认识数控维修这个职业。

注： 以下数控机床装调与维修简称数控维修。

相关知识

1. 什么是数控维修

数控机床装调维修工是从事数控机床的装配、调整、维修等工作的人员。从事数控机床装调与维修工作需要具备丰富的机械、电气等方面的知识和技能。

2. 数控维修的工作任务是什么

根据企业调研，一般企业需要的数控维修工作岗位职责包含以下几个方面：

（1）负责数控设备：数控车、数控铣、加工中心、数控冲、数控折弯等设备电气问题的维修及保养；

（2）依据不同数控机床技术资料，对数控设备进行安装和调试；

（3）依据数控设备特点制订设备保养计划，并组织实施；

（4）使用必要的维修工具，对数控设备出现的电气故障进行检查、分析及故障诊断；

（5）确认故障原因后对设备进行维修；

（6）熟练应用西门子、海德汉、FANUC 数控系统。

根据数控维修工作岗位职责，数控维修的工作可以分为以下几个方面：一是数控机床的操作、保养；二是数控机床的维护；三是数控机床的安装调试；四是数控机床的故障诊断与维修。

3. 数控维修的基础知识

1）数控机床故障诊断与维护的意义

数控系统完全或部分丧失了系统规定的功能称为故障。所谓系统故障诊断技术，就是在系统运行中或基本不拆卸的情况下，即可掌握系统先行状态的信息，查明产生故障部位和原因，或预知系统的异常和故障的动向，采取必要的措施和对策的技术。诊断的目的是确定故障的原因和部位，以便维修人员或操作人员尽快修复故障。

任何一台数控机床都是一种过程控制设备，它要求实时控制机床每一时刻都能准确无误的工作。任何部分的故障和失效，都会使机床停机，从而造成生产的停顿。因而掌握和熟悉数控机床的工作原理、组成结构是做好维护、维修工作的基础。

虽然现代数控系统的可靠性不断提高但在运行过程中因操作失误、外部环境的变化等因素影响仍免不了出现故障。为此，数控机床应具有自诊断的能力，能采取良好的故障显示、检测方法，及时发现并快速确定故障部位和原因，令操作人员或维修人员及时排除故障，尽快恢复工作。

2）数控机床的可靠性

数控机床和数控系统的发展趋势是：高性能、多功能、高精度、高柔性及高可靠性。提高数控机床及其系统可靠性不仅是当前的迫切任务，也是高技术产业 FMS、CIMS 能否立足及发展的关键要素。数控机床除了具有高精度、高效率和高技术的要求之外，还应该具有高可靠性，要发挥数控机床的高效益，就要保证它的开动率，这就对数控机床提出了稳定性和可靠性的要求。

（1）数控机床故障规律：分为初始期、稳定期、老化期。如图 1-1-1 所示，T_1 为初始期，T_2 为稳定期，T_3 为老化期。

① 初始期。新机床在安装调试完成后，半年到一年左右的时间内，由于机械零部件的加工表面还存在着几何形状偏差，比较粗糙，电气元件受到交变负荷等冲击，故障频率较高，一般没有规律，即磨合期。

② 稳定期。机床在经历了初期磨合后，进入了稳定工作期。这时故障发生率较低，但由于使用条件和人为的因素，偶发故障在所难免，所以在稳定期内故障诊断非常重要。

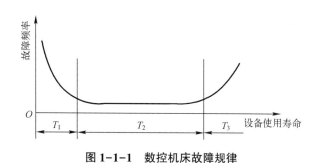

图 1-1-1　数控机床故障规律

③ 老化期。机床零部件在正常寿命期后，开始迅速老化和磨损，故障发生率逐渐增多。此时期的故障大多是有规律的，属于渐变性的，并且大部分可以排除。

（2）衡量数控设备可靠性的重要指标：

① 平均无故障时间（Mean Time Between Failure，MTBF）：是指可修复产品的相邻两次故障间系统能正常工作时间的平均值。

② 平均修复时间（Mean Time To Repair，MTTR）：数控系统在寿命范围内，从故障开始维修到能正常工作所用的平均修复时间。这个值越小，表明维修速度越快。

③ 有效度 A：一台可维修的数控机床在某一段时间内，维持其性能的概率。小于 1，越接近 1 越好，它是衡量数控机床的可靠性和可维修性的指标。

关于设备的可靠性与稳定性，国际上通用的指标为平均有效度（A），并由下式定义：

$$A = \frac{\text{MTBF}}{\text{MTBF+MTTR}}$$

为了提高 MTBF，降低 MTTR，一方面要加强日常维护，延长无故障时间；另一方面当出现故障后，要尽快诊断出故障的原因并加以修复。如果用人来比喻的话，就是平时要注意保养，避免生病；生病后要及时就医，诊断出病因，对症下药，尽快康复。

影响数控机床可靠性的因素包括设计、包装、运输、安装、使用等全过程，使用时影响可靠性的指标及其措施如表 1-1-1 所示。

表 1-1-1　影响数控机床（使用时）可靠性的因素

因 素	要　求	措　施
电网质量	电压应在规定的误差范围之内，+10%～-15%； 频率为（50±1）Hz； 数控机床接地电阻要符合要求； 以上三项要平衡	1. 数控机床专线供电； 2. 使用稳压电源
安装环境	无粉尘、无太阳直射； 湿度、温度符合要求	建立专门的数控车间
操作者	1. 岗位培训； 2. 取得上岗资格证； 3. 严格按操作规程操作	进行岗位培训； 严禁无证上岗； 制定详细的、可执行的操作规程
日常维护	按照《机床使用说明书》进行日常的维护和保养	制定切实可行的维护保养制度

3）数控机床常见故障的分类

数控机床故障的种类很多，一般可按起因、性质、发生部位、自诊断、软硬件故障等来分类：

（1）数控机床的故障根据性质可分为电气故障和机械故障。

① 电气故障：数控机床的大部分故障是电气故障，电气故障一般发生在系统装置、伺服驱动单元和机床电气等控制部位。一般是由于电气元件的品质因素下降、元器件焊接松动、接插件接触不良或损坏等因素引起，这些故障表现为时有时无。

② 机械故障：机械故障一般发生在机械运动部件。机械故障又分为功能型故障、动作型故障、结构型故障和使用型故障。

- 功能型故障：主要指工件加工精度方面的故障。
- 动作型故障：主要指机床的各种动作故障。主轴不转、工件夹不紧。
- 结构型故障：主要表现为主轴发热、主轴箱噪声大、机械传动有异常响声、产生切削振动等。
- 使用型故障：主要指使用和操作不当引起的故障。

（2）数控系统故障按故障的起因分为关联性故障和非关联性故障。

非关联性故障是指由于运输、安装、工作等原因造成的故障。

关联性故障可以分为系统性故障和随机性故障。系统性故障是指只要满足一定的条件或超过某一设定的数值，工作中的机床就会发生故障。随机性故障是指数控机床在同样的条件下工作时只偶然发生一两次故障。

（3）数控系统故障按报警类型分为有报警显示故障和无报警显示故障。

有报警显示故障一般与控制部分有关，故障发生后可以根据故障报警信号判别故障发生的原因。

无报警显示故障往往表现为工作台停留在某一位置不能运动，依靠手动操作也无法移动，这类故障的排除难度比有报警显示的难度要大。

（4）数控系统故障按严重程度分为破坏性故障和非破坏性故障。

① 破坏性故障是指短路、因伺服系统失控造成"飞车"等故障。

② 非破坏性故障可以经过多次试验，重演故障来分析故障原因，故障排除容易一些。

（5）数控系统故障按造成故障的对象分为人为故障和软硬件故障。

① 人为故障是指操作人员、维护人员对数控机床还不熟悉或者没有按照说明书使用要求，在操作或调整时处理不当造成的故障。

② 硬件故障是指数控机床的硬件损坏造成的故障。软件故障一般指由于加工程序出现语法错误、逻辑错误、参数设定错误等造成的数控机床故障。

4）数控机床故障的诊断方法

数控机床采用了先进的控制技术，是机、电、液、光相结合的产物，技术先进、结构复杂，出现故障后，诊断也比较困难。常用的故障诊断方法有：

（1）直观观察法（直观法）：利用人的手、眼、耳、鼻等感觉器官寻找故障原因。

① 目测：目测故障板，仔细检查有无熔丝烧断、元器件烧焦、烟熏、开裂、异物短路现象，以此可判断板内有无过电流、过电压、短路等问题。

② 手摸：用手摸并轻摇元器件，尤其是电阻、电容、半导体器件有没有松动之感，以此可检查出一些断脚、虚焊等问题。

（2）根据报警信息诊断故障：随着数控系统的自诊断能力越来越强，数控机床的大部分故障数控系统都能够诊断出来，并采取相应的措施。如超程、急停、润滑油不足、停机等，一般都能产生报警显示。

（3）机床参数检查法：数控机床有些故障是由于机床参数设置不合理或者机床使用一段时间后需要调整造成的，遇到这类故障时，将相应的机床参数进行适当的修改，即可排除故障。

（4）测量法：是诊断机床故障的基本方法，对于诊断数控机床的故障也是常用的方法。测量法就是使用万用表、示波器、逻辑测试仪等仪器对电子线路进行测量。

5）采用互换法确定故障点

对于一些涉及控制系统的故障，有时不容易确认哪一部分有问题，在确保没有进一步损坏的情况下，用备用控制板代换被怀疑有问题的控制板，是准确定位故障点的有效办法。有时与其他机床上同类型控制系统的控制板互换能更快速地诊断故障（这时要保证不要把好的板子损坏）。

6）数控机床维修的基本原则

（1）先外部后内部。先表观"望、闻、听、问"后及其内。

望——观察；闻——是否嗅到特殊气味；听——声音；问——向操作员询问情况。

观察：工作地环境状态情况是否符合设备的要求。

注意： 机电一体化机床设备的连接部位有无异常、连接与接触是否良好，关系到信号是否丢失问题。所以，对这些部分在现场观察中应该特别注意。

（2）先机械后电气。如果判断是机械与电气故障并存时，先检查机械成因。这是因为有很大比例表现为电气故障，实际上是机械动作失灵引起的；又因为机械故障一般比较容易检查。

（3）先静后动。

人：不（盲目）动手，先调查。

机床：先静态（断电）后动态。先"观"一切有无异常，后"测与查"。

这也是出于安全的要求，"有的放矢"、严谨的科学工作作风。

（4）先简单后复杂。先检查简单的易查的故障成因。这是因为复杂故障可能是由多个故障成因合成的，而往往成因很简单。

7）数控机床维修常用工具

（1）拆卸及装配工具：单头钩形扳手（见图 1-1-2），端面带槽或孔的圆螺母扳手，弹性挡圈装拆用钳子（见图 1-1-3），弹性手锤（见图 1-1-4），拉带锥度平键工具，拉带内螺纹的小轴、圆锥销工具（俗称拔销器），拉卸工具，拉开口销扳手和销子冲头。

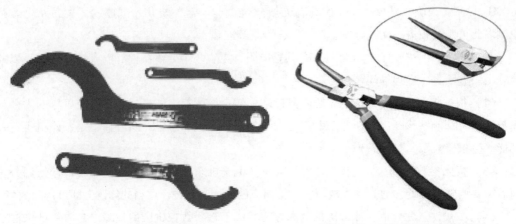

图 1-1-2 单头钩形扳手　　　　　　　图 1-1-3 弹性挡圈装拆用钳子

图 1-1-4 弹性手锤

（2）常用的机械维修工具。

① 尺：分为平尺、刀口尺（见图 1-1-5）和 90°角尺。

图 1-1-5 刀口尺

② 垫铁：角度面为 90°的垫铁、角度面为 55°的垫铁和水平仪垫铁（见图 1-1-6）。

③ 检验棒（见图 1-1-7）：有带标准锥柄检验棒、圆柱检验棒和专用检验棒（莫氏检验棒见图 1-1-8）。

图 1-1-6　水平仪垫铁

图 1-1-7　检验棒

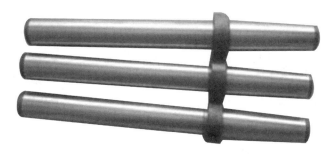

图 1-1-8　莫氏检验棒

④ 杠杆千分尺：当零件的几何形状精度要求较高时，使用杠杆千分尺可满足其测量要求，其测量精度可达 0.001 mm。

⑤ 万能角度尺：用来测量工件内外角度的量具，按其游标读数值可分为 2′ 和 5′ 两种，按其尺身的形状可分为圆形和扇形两种。

（3）数控机床故障诊断与维修常用仪器。在数控机床的故障检测过程中，借助一些必要的仪器是必要的，仪器能从定量分析角度直接反映故障点状况，起到决定作用。

① 万用表。"万用表"是万用电表的简称，它是电子制作中一个必不可少的工具。万用表能测量电流、电压、电阻，有的还可以测量三极管的放大倍数，频率、电容值、逻辑电位、分贝值等。万用表有很多种，现在最流行的有机械指针式和数字式的万用表。它们各有优点。

② 测振仪器。目前常用的测振仪有美国本特利公司的 TK-81、德国申克公司的

VIBROMETER-20、日本 RI-0N 公司的 VM-63 以及一些国产的仪器。

③ 故障检测系统。由分析软件，微型计算机和传感器组成多功能的故障检测系统，可实现多种故障的检测和分析。故障检测系统的硬件由笔记本式计算机与轻便的采集箱及可靠耐用的传感器（振动加速度传感器、光电转速传感器、钳型电流传感器）等组成，组件配接灵活，可靠性高，适合现场使用。

④ 红外测温仪。红外测温是利用红外辐射原理，将对物体表面温度的测量转换成对其辐射功率的测量，采用红外探测器和相应的光学系统接收被测物不可见的红外辐射能量，并将其变成便于检测的其他能量形式予以显示和记录，红外测温仪外形如图 1-1-9 所示。

图 1-1-9　红外测温仪

利用红外原理测温的仪器还有红外热电视、光机扫描热像仪以及焦平面热像仪等。红外诊断的判定主要有温度判断法、同类比较法、档案分析法、相对温差法以及热像异常法。

⑤ 激光干涉仪。激光干涉仪可对机床、三坐标测量机及各种定位装置进行高精度的（位置和几何）精度校正，可完成各项参数的测量。

激光干涉仪用于机床精度的检测及长度、角度、直线度、直角等的测量，精度高、效率高、使用方便、测量长度可达十几米甚至几十米，精度达微米级。激光干涉仪外形如图 1-1-10 所示。

图 1-1-10　激光干涉仪

⑥ 短路追踪仪。短路是电气维修中经常碰到的故障现象，使用万用表寻找短路点往往很费劲。如遇到电路中某个元器件击穿短路，由于在两条连线之间可能并接有多个元器件，用万用表测量出哪一个元器件短路比较困难。再如对于变压器绕组局部轻微短路的故障，一般万用表测量也无能为力。而采用短路故障追踪仪可以快速找出电路板上的任何短路点，如焊锡短路、总线短路、电源短路、多层线路板短路、芯片及电解电容器内部短路、非完全短路等。短路追踪仪外形如图 1-1-11 所示。

图 1-1-11 短路追踪仪

⑦ 示波器。示波器主要用于模拟电路的测量，它可以显示频率相位、电压幅值。双频示波器可以比较信号相位关系，可以测量测速发电机的输出信号，其频带宽度在 5 MHz 以上，两个通道。调整光栅编码器的前置信号处理电路，进行 CRT 显示器电路的维修。示波器外形如图 1-1-12 所示。

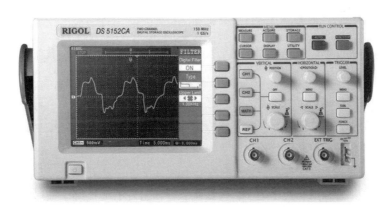

图 1-1-12 示波器

8）数控机床故障诊断与维修常用技术资料

数控机床生产厂家必须向用户提供安装、使用与维修有关的技术资料，主要有：数控机床电气使用说明书、数控机床电气原理图、数控机床电气连接图、数控机床结构简图、数控机床参数表、数控机床 PLC 控制程序、数控系统操作手册、数控系统编程手册、数控系统安装与维修手册、伺服驱动系统使用说明书。

数控机床的技术资料对故障分析与诊断非常重要，必须认真仔细地阅读，并对照机床实物，做到心中有数。一旦机床发生故障，在进行分析的同时应查阅资料。

9）数控机床维修人员要求

（1）专业知识面要广：

① 掌握数控原理、电工电子技术、自动控制与电力拖动、检测技术、液压与气动、机械传动及机械加工方面的知识。

② 掌握数字控制、伺服驱动及 PLC 的工作原理。

③ 掌握检测系统的工作原理。

④ 能编写简单的数控加工程序。

⑤ 能运用各种方法编写 PLC 程序。

（2）有较强的动手能力与实验能力：

① 对数控系统进行操作。

② 能查看报警信息。

③ 能检查、修改参数。

④ 能调用自诊断功能，进行 PLC 接口检查。

⑤ 会使用维修的工具、仪器、仪表。

⑥ 会操作数控机床。

（3）具有专业外语的阅读能力：

① 能读懂数控系统的操作面板、CRT 显示的外文信息。

② 能读懂外文的随机手册。

③ 能读懂外文的技术资料。

④ 能熟练运用外文的报警提示。

（4）绘图能力：

① 能绘制一般的机械、电气图。

② 通过实物测量，能绘制光栅尺测量头的原理图。

③ 通过实物测量，能绘制电气原理图。

（5）良好的品质：

① 勤于学习：刻苦钻研，边干边学；自觉地学习新出现的数控机床操作、编程，了解其结构；自觉地了解其他工厂中的设备；虚心学习别人的经验。

② 善于分析：能由表及里，去伪存真，找到发生故障的原因；能从众多故障现象中找出主要的，起决定性作用的故障现象，并对此进行分析。

③ 胆大心细：对于没见过的故障敢修；但应先熟悉情况，后动手、不要盲目蛮干。

10）数控机床故障诊断与维修的一般步骤

数控设备的故障诊断与维修的过程基本上分为故障原因的调查和分析、故障的排除、维修总结三个阶段。

（1）故障的调查与分析。这是排除故障的第一阶段，是非常关键的阶段。数控机床出现故障后，不要急于动手处理，首先要摸清楚故障发生的过程，分析产生故障的原因。为此要做好下面几项工作：

① 询问调查。在接到机床现场出现故障要求排除的信息时，首先应要求操作者尽量保持现场故障状态，不做任何处理，这样有利于迅速精确地分析故障原因。同时仔细询问故障指示情况、故障表象及故障产生的背景情况，依此做出初步判断，以便确定现场排故所应携带的工具、仪表、图样资料、备件等，减少往返时间。

② 现场检查。到达现场后，首先要验证操作者提供的各种情况的准确性、完整性，从而核实初步判断的准确度。由于操作者的水平，对故障状况描述不清甚至完全不准确的情况不乏其例，因此到现场后仍然不要急于动手处理，重新仔细检查各种情况，以免破坏了现场，使排除故障增加难度。

③ 故障分析。根据已知的故障状况按故障分类办法分析故障类型，从而确定排故原则。由于大多数故障是有指示的，所以一般情况下，对照机床配套的数控系统诊断手册和使用说明书，可以列出产生该故障的多种可能原因。

④ 确定原因。对多种可能的原因进行排查，从中找出本次故障的真正原因，对于维修人员来说这是一种对该机床熟悉程度、知识水平、实践经验和分析判断能力的综合考验。当前的CNC 系统智能化程度都比较低，系统尚不能自动诊断出发生故障的确切原因，往往是同一报警信号可以有多种起因，不可能将故障缩小到具体的某一部件。因此，在分析故障的起因时，一定要思路开阔。有这种情况，自诊断出系统的某一部分有故障，但究其起源，却不在数控系统，而是在机械部分。所以，无论是 CNC 系统、机床强电，还是机械、液压、气路等，只要有可能引起该故障的原因，都要尽可能全面地列出来，进行综合判断和筛选，然后通过必要的试验，达到确诊和最终排除故障的目的。

⑤ 排故准备。有些故障的排除方法可能很简单，有些故障则比较复杂，需要做一系列的准备工作，例如工具仪表的准备、局部的拆卸、零部件的修理、元器件的采购，甚至排故计划步骤的制订等。

数控机床电气系统故障的调查、分析与诊断的过程也就是故障的排除过程，一旦查明了原因，故障很快就会排除。因此故障分析诊断的方法也就变得十分重要了。

一般情况下，在故障检测过程中，应充分利用数控系统的自诊断功能，如系统的开机诊断、运行诊断、PLC 的监控功能。同时在检测故障过程中还应掌握以下原则：先外部后内部、先机械后电气、先静后动、先公用后专用、先简单后复杂、先一般后特殊。

（2）故障排除。这是排故的第二阶段，是实施阶段。如上所述，完成了故障分析，也就基本上完成了故障的排除，剩下的工作就是按照相关操作规程具体实施。

（3）总结。维修排故后的总结提高工作，对数控机床电气故障进行维修和分析排除后的总结与提高工作是排故的第三阶段，也是十分重要的阶段，应引起足够的重视。

总结提高工作的主要内容包括：

① 详细记录从故障的发生、分析判断到排除全过程中出现的各种问题，采取的各种措施，涉及的相关电路图、相关参数和相关软件，其间错误分析和排故方法也应记录，并记录其无效的原因。除填入维修档案外，内容较多者还要另文详细书写。

② 有条件的维修人员应该从较典型的故障排除实践中找出带有普遍意义的内容作为研究课题，进行理论性探讨，写出论文，从而达到提高的目的。特别是在有些故障的排除中并未认真系统地分析判断，要是带有一定偶然性地排除了故障，这种情况下的事后总结研究就更加必要了。

③ 总结故障排除过程中所需的各类图样、文字资料，若有不足应事后想办法补齐，而且在随后的日子里研读，以备将来之需。

④ 从排除故障过程中发现自己欠缺的知识，制订学习计划，力争尽快补课。

⑤ 找出工具、仪表、备件之不足，条件允许时补齐。

总结提高工作的好处是：

① 迅速提高维修者的理论水平和维修能力。

② 提高重复性故障的维修速度。

③ 利于分析设备的故障率及可维修性，改进操作规程，提高机床寿命和利用率。

④ 可改进原机床电气设计之不足。

⑤ 资源共享。总结资料可作为其他维修人员的参数资料、学习培训教材。

任务实施

1. 参观数控加工企业，了解数控维修岗位的工作职责和任职要求。

2. 进行数控维修人员社会需求调研，可以通过人才招聘网站和人才市场调研，总结数控维修人才的知识技能结构。

任务1.2 数控机床装调维修工职业资格认知

知识点：

- 数控机床装调维修工职业资格类别。
- 数控机床装调维修工职业资格考核要求。

任务描述

通过数控机床装调维修工职业资格标准，认识数控机床装调维修工，学习数控机床装调维修工的知识结构，了解数控机床装调维修工职业资格认证的方式。

任务分析

数控机床装调维修工的定义是什么？数控机床装调维修工分哪些等级？数控机床装调维修工的知识结构是什么？如何进行数控机床装调维修工职业资格认证？通过学习解决这些问题，

充分认识数控机床装调维修工。

相关知识

数控机床装调维修工国家职业标准。（摘自劳动和社会保障部办公厅文件，即劳社厅发〔2006〕33号《数控机床装调维修工国家职业标准》）

1. 职业概况

1.1 职业名称

数控机床装调维修工

1.2 职业定义

使用相关工具、工装、仪器，对数控机床进行装配、调试和维修的人员。

1.3 职业等级

本职业共设四个等级，分别为中级（国家职业资格四级）、高级（国家职业资格三级）、技师（国家职业资格二级）、高级技师（国家职业资格一级）。

1.4 职业环境

室内，常温。

1.5 职业能力特征

具有较强的学习、理解、计算能力；具有较强的空间感、形体知觉、听觉和色觉，手指、手臂灵活、形体动作协调性强。

1.6 基本文化程度

高中毕业（或同等学力）

2. 基本要求

2.1 职业道德

2.1.1 职业道德基本知识

2.1.2 职业守则

（1）遵守法律、法规和有关规定。

（2）爱岗敬业，具有高度的责任心。

（3）严格执行工作程序、工作规范、工艺文件和安全操作规程。

（4）工作认真负责，团体合作。

（5）爱护设备及工具、夹具、刀具、量具。

（6）着装整洁，符合规定。保持工作环境清洁有序，文明生产。

2.2 基础知识

2.2.1 基础理论知识

（1）机械识图知识。

（2）电气识图知识。

（3）公差配合与形位公差。

（4）金属材料及热处理基础知识。

（5）机床电气基础知识。

（6）金属切削刀具基础知识。

（7）液压与气动基础知识。

（8）测量与误差分析基础知识。

（9）计算机基础知识。

2.2.2 机械装调基础知识

（1）钳工操作基础知识。

（2）数控机床机械结构基础知识。

（3）数控机床机械装配工艺基础知识。

2.2.3 电气装调基础知识

（1）电工操作基础知识。

（2）数控机床电气结构基础知识。

（3）数控机床电气装配工艺基础知识。

（4）数控机床操作与编程基础知识。

2.2.4 维修基础知识

（1）数控机床精度与检测基础知识。

（2）数控机床故障与诊断基础知识。

2.2.5 安全文明生产与环境保护知识

（1）现场安全文明生产要求。

（2）安全操作与劳动保护知识。

（3）环境保护知识。

2.2.6 质量管理知识

（1）企业质量目标。

（2）岗位质量要求。

（3）岗位质量保证措施与责任。

2.2.7 相关法律、法规知识

（1）《中华人民共和国劳动法》相关知识。

（2）《中华人民共和国合同法》相关知识。

3. 工作要求

本标准对中级、高级、技师和高级技师的技能要求依次递进，高级别涵盖低级别的要求。根据所从事工作，中级、高级在职业功能"一、二、三、四"模块中任选其一进行考核，技师、高级技师在职业功能"一、二"模块中任选其一进行考核。

3.1 中级

（数控机床装调维修工中级知识和技能要求见表 1-2-1。）

表 1-2-1　数控机床装调维修工中级知识和技能要求

职业功能	工作内容	技 能 要 求	相 关 知 识
一、数控机床机械装调	（一）机械功能部件装配	1. 能读懂本岗位零部件装配图； 2. 能读懂本岗位零部件装配工艺卡； 3. 能绘制轴、套、盘类零件图； 4. 能按照工序选择工具、工装； 5. 能钻铰孔，并达到以下要求：公差等级 IT8，表面粗糙度 $Ra1.6\,\mu m$； 6. 能加工 M12 以下的螺纹，没有明显的倾斜； 7. 能手工刃磨标准麻花钻头； 8. 能刮削平板，并达到以下要求：在 25 mm× 25 mm 范围内接触点数不少于 16 点，表面粗糙度 $Ra0.8\,\mu m$； 9. 能完成有配合、密封要求的零部件装配； 10. 能完成有预紧力要求或有特殊要求的零部件装配（如主轴轴承、主轴的动平衡等）； 11. 能对以下功能部件中的一种进行装配： （1）主轴箱； （2）进给系统； （3）换刀装置（刀架、刀库与机械手）； （4）辅助设备（如液压系统、气动系统、润滑系统、冷却系统、排屑、防护等）	1. 机械零部件装配图与零部件配合公差知识； 2. 机械零部件装配结构知识； 3. 机械零部件装配工艺知识（如轴承与轴承组的装配，有配合、密封要求组件的装配等）； 4. 轴、套、盘类零件图的画法； 5. 数控机床功能部件（如主轴箱、进给传动系统、刀架、刀库、机械手、液压站等）的结构、工作原理及其装配工艺知识； 6. 典型装配工装结构原理知识； 7. 钳工基本知识（如刀具材料的选择、钻头和丝锥尺寸的选择、钻头和绞刀尺寸的选择、锯削、锉削、刮削、研磨等）； 8. 手工刃磨标准麻花钻头的知识； 9. 加工切削参数的选择； 10. 有特殊要求的数控机床部件的装配方法； 11. 液压、气动、润滑、冷却知识
	（二）机械功能部件调整与整机调整	1. 能对上述功能部件中的一种进行装配后的试车调整（如主轴箱的空运转试验、刀架的空运转试验、液压系统的试验等）； 2. 能进行一种型号数控系统的操作（如启动、关机 JOG 方式、MDI 方式、手轮方式等）； 3. 能应用一种型号数控系统进行加工编程	1. 功能部件空运转试验知识； 2. 功能部件装配精度的测试方法； 3. 通用量具、专用量具、检具的使用方法； 4. 数控机床系统面板、机床操作面板的使用方法； 5. 数控机床操作说明书
二、数控机床机械维修	（一）机械功能部件维修	1. 能读懂维修零部件装配图； 2. 能按照工序选择维修的工具、工装； 3. 能对以下功能部件中的一种进行拆卸和再装配： （1）主轴箱； （2）进给系统； （3）换刀装置（刀架、刀库与机械手）； （4）辅助设备（如液压系统、气动系统、润滑系统、冷却系统、排屑、防护等）；	1. 零部件装配图识图知识； 2. 机械零部件装配结构知识； 3. 机械零部件装配工艺知识（如齿轮传动机构的装配，轴承与轴承组的装配，有配合、密封要求组件的装配等）；

职业功能	工作内容	技 能 要 求	相 关 知 识
二、数控机床机械维修	（一）机械功能部件维修	4. 能检修齿轮、花键轴、轴承、密封件、弹簧、紧固件等； 5. 能检查调整各种零部件的配合间隙（如齿轮啮合间隙、轴承间隙等）； 6. 能绘制轴、套、盘类零件图	4. 机械零部件装配图与零部件配合公差知识； 5. 典型工装的结构原理； 6. 配合件的检修知识； 7. 齿轮、花键轴、轴承、密封件、弹簧、紧固件等的检修方法； 8. 齿轮啮合间隙调整知识； 9. 轴承间隙调整知识； 10. 数控机床结构知识； 11. 液压与气动知识； 12. 轴、套、盘类零件图的画法
	（二）机械功能部件调整与整机调整	1. 能对上述功能部件中的一种进行维修后的试车调整； 2. 能进行一种型号数控系统的操作（如启动、关机 JOG 方式、MDI 方式、手轮方式等）； 3. 能应用一种型号数控系统进行加工编程； 4. 能判断加工中因操作不当引起的故障	1. 各功能部件空运转试车知识； 2. 数控机床操作与数控系统操作说明书； 3. 加工中因操作不当引起的故障表现形式
三、数控机床电气装调	（一）电气功能部件装配	1. 能读懂数控机床电气装配图、电气原理图、电气接线图； 2. 能对以下功能部件中的一种进行配线与装配： （1）电气柜的配电板； （2）机床操纵台； （3）电气柜到机床各部分的连接； 3. 能根据工作内容选择常用仪器、仪表； 4. 能在薄铁板上钻孔； 5. 能刃磨标准麻花钻头； 6. 能使用电烙铁焊接电气元件； 7. 能根据电气图要求确认常用电气元件及导线、电缆线的规格	1. 数控机床电气装配图、电气原理图、电气接线图的识图知识； 2. 常用仪器、仪表的规格及用途； 3. 仪器、仪表的选择原则及使用方法； 4. 锡焊方法； 5. 常用电气元件、导线、电缆线的规格； 6. 电工操作技术与装配知识； 7. 接地保护知识
	（二）电气功能部件调整	1. 能对系统操作面板、机床操作面板进行操作； 2. 能进行数控机床一般功能的调试（如启动、关机、JOG 方式、MDI 方式、手轮方式等）	1. 数控机床操作面板的使用方法； 2. 数控机床一般功能的调试方法

续表

职业功能	工作内容	技 能 要 求	相 关 知 识
四、数控机床电气维修	（一）电气功能部件维修	1. 能读懂数控机床电气装配图、电气原理图、电气接线图； 2. 能对以下功能部件进行拆卸和再装配： （1）电气柜的配电板； （2）机床操纵台； （3）电气柜与机床各部分的连接； 3. 能对电气维修中配线质量进行检查，能解决配线中出现的问题	1. 数控机床电气装配图、电气原理图、电气接线图的识图知识； 2. 常用仪器、仪表的规格、用途； 3. 仪器、仪表的选择原则及使用方法； 4. 锡焊方法； 5. 常用电气元件、导线、电缆线的规格； 6. 电工操作技术与装配知识； 7. 电气装配规范
	（二）整机电气调整	1. 能对系统操作面板、机床操作面板进行操作； 2. 能进行数控机床一般功能的调试（如启动、关机、JOG 方式、MDI 方式、手轮方式等）； 3. 能使用数控机床诊断功能或电气梯图等分析故障； 4. 能排除数控机床调试中常见的电气故障	1. 数控机床操作面板的使用方法； 2. 数控机床一般功能的调试方法； 3. 分析、排除电气故障的常用方法； 4. 机床常用参数知识； 5. 数控机床诊断功能和电气梯图知识

3.2 高级

（数控机床装调维修工高级知识和技能要求见表 1-2-2）。

表 1-2-2 数控机床装调维修工高级知识和技能要求

职业功能	工作内容	技 能 要 求	相 关 知 识
一、数控机床机械装调	（一）机械功能部件装配和机床总装	1. 能读懂数控机床总装配图或部件装配图； 2. 能绘制连接件装配图； 3. 能根据整机装配调试要求准备工具、工装； 4. 能完成两种以上机械功能部件（主轴箱、进给系统、换刀装置、辅助设备）的装配或一种以上型号数控机床总装配（如数控车床主轴箱与床身的装配、加工中心机床主轴箱与立柱的装配、工作台与床身的装配等）； 5. 能进行数控机床总装后几何精度、工作精度的检测和调整； 6. 能读懂三坐标测量报告、激光检测报告，并进行一般误差分析和调整（如垂直度、平行度、同轴度、位置度等）	1. 数控机床总装配图或部件装配图识图知识； 2. 连接件装配图的画法； 3. 整机装配、调试所用工具、工装原理知识及使用方法； 4. 数控机床液压与气动工作原理； 5. 数控机床总装配知识； 6. 数控机床几何精度、工作精度检测和调整方法； 7. 阅读三坐标测量报告、激光检测报告的方法； 8. 一般误差分析和调整的方法

续表

职业功能	工作内容	技 能 要 求	相 关 知 识
一、数控机床机械装调	（二）机械功能部件与整机调整	1. 能读懂数控机床电气原理图、电气接线图； 2. 机床通电试车时，能完成机床数控系统初始化后的资料输入； 3. 能进行系统操作面板、机床操作面板的功能调整； 4. 能进行数控机床试车（如空运转）； 5. 能通过修改常用参数调整机床性能； 6. 能进行两种型号以上数控系统的操作； 7. 能进行两种型号以上数控系统的加工编程； 8. 能根据零件加工工艺要求准备刀具、夹具； 9. 能完成试车工件的加工； 10. 能使用通用量具对所加工工件进行检测，并进行误差分析和调整	1. 数控机床电气原理图、电气接线图识图知识； 2. 电气元件标注及画法； 3. 数控系统的通信方法； 4. 数控机床参数基本知识； 5. 数控系统的使用说明书； 6. 试车工艺规程； 7. 刀具的几何角度、功能及刀具材料的切削性能知识； 8. 零件加工中夹具的使用方法； 9. 零件加工切削参数的选择； 10. 数控机床加工工艺知识； 11. 加工工件测量与误差分析方法
二、数控机床机械维修	（一）整机维修	1. 能读懂机床总装配图或部件装配图； 2. 能读懂数控机床电气原理图、电气接线图； 3. 能读懂数控机床液压与气动原理图； 4. 能拆卸、组装整台数控机床（如数控车床主轴箱与床身的拆装、床鞍与床身的拆装、加工中心主轴箱与立柱的拆装、工作台与床身的拆装等）； 5. 能通过数控机床诊断功能判断常见机械、电气、液压（气动）故障； 6. 能排除数控机床的机械故障； 7. 能排除数控机床的强电故障	1. 数控机床总装配图或部件装配图识图知识； 2. 数控机床电气原理图、电气接线图知识； 3. 电气元件标注及画法； 4. 液压与气动原理图； 5. 拆卸、组装数控机床的方法； 6. 应用数控机床诊断功能判断常见机械、电气、液压（气动）故障的方法； 7. 数控机床机械故障的排除知识； 8. 数控机床强电故障的排除知识
	（二）整机调整	1. 能完成数控机床数控系统初始化后的资料输入； 2. 能进行系统操作面板、机床操作面板的功能调整； 3. 能通过修改常用参数调整机床性能； 4. 能进行数控机床几何精度、工作精度的检测和调整； 5. 能读懂三坐标测量报告，激光检测报告，并进行一般误差分析和调整（如垂直度、平行度、同轴度、位置度等）； 6. 能对数控机床加工编程；	1. 数控系统的通信方式； 2. 数控机床操作说明书； 3. 数控机床参数基本知识； 4. 数控系统操作说明书； 5. 数控机床几何精度和工作精度检验方法； 6. 三坐标测量报告、激光检测报告的阅读方法；

职业功能	工作内容	技 能 要 求	相 关 知 识
二、数控机床机械维修	（二）整机调整	7. 能根据零件加工工艺要求准备刀具、夹具； 8. 能使用通用量具对加工工件进行检测，并进行误差分析和调整	7. 对三坐标测量报告、激光检测报告中误差进行分析和调整的方法； 8. 刀具的几何角度、功能及刀具材料的切削性能知识； 9. 零件加工中夹具的使用方法； 10. 零件加工切削参数的选择； 11. 数控机床加工工艺知识； 12. 加工工件测量与误差分析方法
三、数控机床电气装调	（一）整机电气装配	1. 能读懂数控机床电气装配图、电气原理图、电气接线图； 2. 能读懂机床总装配图； 3. 能读懂数控机床液压与气动原理图； 4. 能读懂与电气相关的机械图（如数控刀架、刀库与机械手等）； 5. 能按照电气图要求安装两种型号以上数控机床全部电路，包括配电板、电气柜、操作台、主轴变频器、机床各部分之间电缆线的连接等	1. 数控机床电气装配图、电气原理图、电气接线图识图知识； 2. 数控机床 PLC 梯图知识； 3. 机床总装配图知识； 4. 数控机床液压与气动原理知识； 5. 与电气相关的机械部件图（如数控刀架、刀库与机械手等）识图知识； 6. 一般电气元器件的名称及用途； 7. CNC 接口电路、伺服装置、可编程控制器、主轴变频器等数控系统硬件知识
	（二）整机电气调整	1. 能在数控机床通电试车时，通过机床通信口将机床参数与 PLC 程序（如梯图）传入 CNC 控制器中； 2. 能使用系统参数、PLC 参数、变频器参数等对数控机床进行调整； 3. 能通过数控机床诊断功能进行机床各种功能的调试； 4. 能应用数控系统编制加工程序（选用常用刀具）； 5. 能进行数控机床试车（如空运转）； 6. 能试车加工工件； 7. 能调平机床导轨； 8. 能调整数控机床几何精度	1. 数控系统通信方式； 2. 数控机床 PLC 程序（如梯图）知识； 3. 数控机床参数使用知识； 4. 变频器操作及维修知识； 5. 应用数控机床诊断功能调试机床各种功能的知识； 6. 刀具的几何角度、功能及刀具材料的切削性能； 7. 数控机床操作方法； 8. 数控系统的编程方法； 9. 机械零件加工工艺； 10. 机床水平调整的方法； 11. 数控机床几何精度调整知识； 12. 数控机床、数控系统操作说明书； 13. 数控系统连接说明书； 14. 数控系统参数说明书

续表

职业功能	工作内容	技 能 要 求	相 关 知 识
四、数控机床电气维修	（一）整机电气维修	1. 能读懂数控机床电气装配图、电气原理图、电气接线图； 2. 能读懂数控机床总装配图； 3. 能读懂液压与气动原理图； 4. 能读懂与电气部分相关的机械图（如数控刀架、刀库与机械手等）； 5. 能通过仪器、仪表检查故障点； 6. 能通过数控系统诊断功能、PLC 梯图等诊断数控机床常见电气、机械、液压故障； 7. 能完成两种规格以上数控机床常见强、弱电气故障的维修	1. 数控机床电气装配图、电气原理图、电气接线图识读知识； 2. 数控机床 PLC 梯图知识； 3. 数控机床总装配图知识； 4. 液压与气动原理知识； 5. 数控刀架、刀库与机械手原理知识； 6. 仪器、仪表使用知识； 7. 数控系统自诊断功能知识； 8. 数控机床电气故障与诊断方法； 9. 机床传动基础知识； 10. 数控机床液压与气动工作原理； 11. 数控机床、数控系统操作说明书； 12. 数控系统连接说明书； 13. 数控系统参数说明书
	（二）整机电气调整	1. 能读懂 PLC 梯图，并能修改其中的错误； 2. 能使用系统参数、PLC 参数、变频器参数等对数控机床进行调整； 3. 能在数控机床通电试车时，通过通信口将机床参数与 PLC（如梯图）程序传入 CNC 控制器中； 4. 能进行数控机床各种功能的调试； 5. 能应用数控系统编制加工程序； 6. 能对数控机床进行试车调整（如空运转）； 7. 能选用常用刀具加工试车工件； 8. 能对机床进行水平调整； 9. 能进行数控机床几何精度检测； 10. 能读懂三坐标测量报告、激光检测报告并进行一般分析（如垂直度、平行度、同轴度、位置度等）； 11. 能使用通用量具对轴类、盘类工件进行检测，并进行误差分析	1. 数控机床 PLC（如梯图）程序知识； 2. 数控机床各种参数使用知识； 3. CNC 接口电路、伺服装置、可编程控制器、主轴变频器等数控系统硬件知识； 4. 变频器操作及维修知识； 5. 数控系统的通信方式； 6. 数控机床功能调试知识； 7. 刀具的几何角度、功能及刀具材料的切削性能； 8. 数控机床操作说明书； 9. 数控系统编制加工程序的方法； 10. 机械零件加工工艺； 11. 数控机床水平调整方法； 12. 数控机床几何精度调整知识； 13. 三坐标测量报告、激光检测报告的阅读知识； 14. 通用量具使用方法； 15. 轴类、盘类工件的检测与误差分析知识

3.3 技师

（数控机床装调维修工技师知识和技能要求见表 1-2-3。）

表 1-2-3　数控机床装调维修工技师知识和技能要求

职业功能	工作内容	技能要求	相关知识
一、数控机床机械装调与维修	（一）数控机床机械装配与调整	1. 能读懂数控机床电气、液（气）压系统原理图、电气接线图； 2. 能提出装配需要的专用夹具、胎具的设计方案，并能绘制草图； 3. 能借助词典看懂进口设备相关外文标牌及产品简要说明； 4. 能编制新产品装配工艺规程； 5. 能完成数控机床的机械总装、试车、机械部分的调整； 6. 能通过阅读使用说明书对各种型号数控系统进行加工编程； 7. 能完成新产品的装配、调试； 8. 能判断机械装配关系的合理性，并能对装配关系中不合理的结构提出修改方案，并能实施解决； 9. 能读懂数控机床 PLC 程序（如梯图），能诊断故障产生的原因，并予以排除； 10. 能对三坐标测量报告、激光检测报告进行误差分析，并对数控机床的几何精度、工作精度、定位精度、重复定位精度进行调整	1. 数控机床机械、电气、液（气）压系统原理图的识读方法； 2. 一般夹具的设计与制造知识； 3. 进口设备外文标牌及产品简要说明的中外文对照表； 4. 数控系统加工编程知识； 5. 装配工艺编制知识； 6. 宏程序编程知识； 7. 数控机床的机械调试知识； 8. 自动控制知识； 9. 数控机床 PLC 程序知识； 10. 数控机床几何精度、工作精度、定位精度、重复定位精度的测量、误差分析及调整方法
	（二）数控机床机械维修	1. 能排除数控机床的液压、气动故障； 2. 能排除数控机床常见电气线路故障； 3. 能判断数控机床弱电控制方面的故障点	1. 数控机床液压、气动故障的排除方法； 2. 数控机床常见电气线路的故障排除方法； 3. 数控机床弱电控制方面故障点的排除方法
	（三）数控机床机械技术改造	1. 能对数控机床机械结构工艺性的不合理之处提出改进意见； 2. 能对损坏的零件进行测绘、制图、修复	1. 数控机床结构及各部分工作原理； 2. 机械零件测绘方法

职业功能	工作内容	技 能 要 求	相 关 知 识
二、数控机床电气装调与维修	（一）数控机床电气装配与调整	1. 能读懂数控机床机械总装图、部件装配图、液（气）压系统原理图； 2. 能绘制简单的机械零件图； 3. 能借助词典看懂进口数控设备相关电气标牌及产品简要说明书； 4. 能够根据产品技术要求制定电气装配工艺规程； 5. 能通过阅读使用说明书对其他型号的数控系统进行加工编程； 6. 能对数控系统直线轴或旋转轴进行补偿； 7. 能应用、推广装调新工艺、新技术； 8. 能完成新产品的装配、调试； 9. 能分析重大质量问题的产生原因，并提出解决措施	1. 数控机床机械总装图、机械部件装配图、液（气）压系统原理图识读知识； 2. 机械零件图的画法； 3. 进口数控设备相关电气标牌及产品简要说明书（中外文对照表）； 4. 数控机床电气装配工艺规程知识； 5. 数控系统编制加工程序知识； 6. 宏程序编程知识； 7. 数控系统直线轴或旋转轴补偿知识； 8. 数控多轴应用知识； 9. 新产品、新技术、新工艺知识； 10. 解决重大质量问题的措施与方法
	（二）数控机床电气维修	1. 能修改数控机床的参数，并排除由此引起的故障； 2. 能修改数控机床 PLC 程序中不合理之处； 3. 能排除数控机床的各种强、弱电电气故障； 4. 能排除数控机床的常见机械故障	1. 数控机床 PLC 程序的编制知识； 2. 数控机床各种强、弱电电气故障排除知识； 3. 数控机床常见机械故障的排除方法
	（三）数控机床电气技术改造	能对数控机床电气方面的不合理之处，提出修改方案，并进行方案实施	1. 数控机床结构及各部分工作原理； 2. 数控机床电气改造知识
三、培训与指导	（一）指导操作	能指导高级及以下人员的实际操作	1. 培训教学的基本方法； 2. 指导操作的基本要求和基本方法； 3. 培训大纲的撰写方法
	（二）理论培训	能撰写培训大纲	

职业功能	工 作 内 容	技 能 要 求	相 关 知 识
四、管理	（一）质量管理	1. 能在本职工作中贯彻各项质量标准； 2. 能应用质量管理知识实施操作过程的质量分析与控制	相关质量标准
	（二）生产管理	能组织有关人员协同作业	多人协同作业的组织管理方法

3.4 高级技师

（数控机床装调维修工高级技师知识和技能要求见表 1-2-4。）

表 1-2-4　数控机床装调维修工高级技师知识和技能要求

职业功能	工 作 内 容	技 能 要 求	相 关 知 识
一、数控机床机械装调与维修	（一）数控机床机械装配与调整	1. 能读懂进口数控设备的机械、电气、液（气）压系统原理图、电气接线图； 2. 能够借助词典看懂进口数控机床使用说明书； 3. 能对进口数控设备编程； 4. 能组织解决高速、精密、大型数控设备装配中出现的疑难问题； 5. 能组织解决新产品装配、调正中出现的重大疑难问题（如加工精度、振动、变形、噪声等）	1. 进口数控设备的机械、电气、液（气）压系统原理图、电气接续线图识读知识； 2. 计算机 CAD 绘图知识； 3. 专用夹具、胎具知识； 4. 进口数控机床使用说明书（中外文对照表）； 5. 进口数控设备数控编程知识； 6. 计算机 CAM 自动编程软件知识； 7. 高速、精密、大型数控设备及新产品装配、调试知识； 8. 装配、调试中出现的技术难题解决的方法
	（二）数控机床机械维修	1. 能诊断并排除进口数控机床机械、液压、气动故障； 2. 能确定电气故障到集成线路板，并加以排除； 3. 能通过网络咨询解决疑难问题	1. 进口数控机床机械与电气故障诊断与排除的知识； 2. 计算机网络应用知识
	（三）新技术应用	1. 能应用、推广国内、外新工艺、新技术、新材料、新设备； 2. 能对进口数控机床进行项目改造（机械部分）	1. 国内外新工艺、新技术、新材料、新设备应用知识； 2. 数控机床项目改造知识

职业功能	工作内容	技能要求	相关知识
二、数控机床电气装调与维修	（一）数控机床电气装配与调整	1. 能读懂各类数控机床（进口数控设备）的电气、机械、液（气）压系统原理图； 2. 能绘制电气原理图与电气接线图； 3. 能够借助词典看懂进口数控设备相关外文资料； 4. 能对进口数控设备编程； 5. 能组织解决在装配高速、精密、大型数控设备中出现的电气疑难问题； 6. 能对电气故障进行检测，并能判断故障点到基础单元（如线路板上某个集成块）； 7. 能解决新产品装配调试中出现的各种疑难问题或意外情况	1. 进口数控设备的电气、机械、液（气）压系统原理图识图知识； 2. 计算机 CAD 绘图知识； 3. 进口数控设备资料中的科技外文知识； 4. 进口数控设备的编程知识； 5. 计算机 CAM 自动编程软件知识； 6. 数控线路板故障分析的知识和方法； 7. 机、电、液一体化知识
	（二）数控机床电气维修	1. 能诊断并排除进口数控机床的全部电气故障； 2. 能解决数控机床维修中与电气故障相关的机械故障； 3. 能通过网络咨询解决疑难问题	1. 进口数控机床故障诊断与排除的知识； 2. 计算机网络应用知识
	（三）新技术应用	1. 能应用、推广国内外新工艺、新技术、新材料、新设备； 2. 能对进口数控机床进行项目改造（电气部分）	1. 国内外新工艺、新技术、新材料、新设备应用知识； 2. 进口数控机床的电气、机械、液（气）压原理知识； 3. 数控机床项目改造（电气部分）知识
三、培训与指导	（一）指导操作	能指导技师及以下人员的实际操作	培训讲义的撰写知识
	（二）理论培训	1. 能对高级及以下人员进行专业技能培训； 2. 能撰写培训讲义	
四、管理	（一）质量管理	1. 能组织进行质量攻关； 2. 能提出产品质量评审方案	1. 质量攻关的组织方法与措施； 2. 产品质量评审知识
	（二）生产管理	能根据生产计划提出调度及人员管理方案	生产管理基本知识

任务实施

根据《数控机床装调维修工国家职业标准（试行）》的相关内容以及数控机床装调与维修

中级、高级、技师和高级技师的机械部分以及电气部分的技能介绍学习以下技能水平的要求。

1. 学习掌握数控机床装调维修工职业资格标准。

2. 针对数控机床装调维修工职业资格标准制定培训和学习计划（参考表1-2-5）。

表1-2-5　数控机床装调维修工考工培训计划安排表

（2016—2017第二学期）

序号	考工培训内容	教　师	地　点	时　间	学时
1	加工中心的控制功能、系统连接的实现		工业中心 S5151	6月3号上午8：30开始（星期六）	4
2	加工中心配电盘连接原理，电气原理图解读		工业中心 S5151	6月3号下午13：00开始（星期六）	4
3	绘制加工中心系统原理图，电气原理图		工业中心 S5151	6月4号上午8：30开始（星期日）	4
4	绘制加工中心电气接线图		工业中心 S5151	6月4号下午13：00开始（星期日）	4
5	加工中心配电盘接线1		工业中心 S5151	6月7号下午14：00开始（星期三）	4
6	加工中心配电盘接线2		工业中心 S5151	6月10号上午8：30开始（星期六）	4
7	加工中心配电盘接线3		工业中心 S5151	6月11号上午8：30开始（星期日）	4
8	加工中心配电盘安装与调试1		工业中心 S5151	6月14日下午14：00开始（星期三）	4
9	加工中心配电盘安装与调试2		工业中心 S5151	6月17日上午8：30开始（星期六）	4
10	加工中心参数传输		工业中心 S5151	6月18日上午8：30开始（星期日）	4
11	加工中心参数设置、参数备份		工业中心 S5151	6月21日下午14：00开始（星期三）	4
12	加工中心一般报警信息的消除		工业中心 S5151	6月24日上午8：30开始（星期六）	4
13	加工中心伺服报警信息的消除		工业中心 S5151	6月25日上午8：30开始（星期日）	4
14	加工中心无法上电故障诊断与排除		工业中心 S5151	6月28日下午14：00开始（星期三）	4
15	加工中心进给轴不动故障与排除		工业中心 S5151	7月1日上午8：30开始（星期六）	4
16	多种故障的诊断与排除		工业中心 S5151	7月2日上午8：30开始（星期日）	4
17	考前复习		工业中心 S5151		4

项目二
数控机床电气系统的硬件连接

任务 2.1　FANUC 数控系统的认识

知识点：

- FANUC 数控系统的分类。
- FANUC 数控系统的功能特点。

任务描述

CK6140 型数控车床为两坐标连续控制的卧式车床。机床可以完成轴类零件内外圆柱面、圆锥面、螺纹表面、成形回转体表面等的加工，对于盘类零件能进行钻孔、扩孔、铰孔、镗孔等加工操作。

VMC650 型加工中心为三轴联动的立式加工中心。机床可以完成包括端平面、沟槽、孔系、内外倒角、环形槽及各种曲面加工。

本任务将认识这两台设备的数控系统。

任务分析

数控系统是数控机床的核心装置，首先要认识数控系统。

数控系统的正确安装是保证数控机床正常使用，充分发挥其效益的首要条件。认识数控系统，掌握数控系统的结构组成、了解数控系统的功能是应用数控系统的先决条件。学习 FANUC 数控系统的发展历史、功能特点、结构组成是为了更好地应用它、掌握它。

在认识 FANUC 系统的过程中，首先应当了解 FANUC 公司的发展历史、FANUC 系统的发展特点，熟悉 FANUC 系统的功能特点，然后掌握常用 FANUC 系统的配置。本次任务的重点是掌握 FANUC 0i-D/0i-Mate D 系统的结构组成、功能特点。

相关知识

1. FANUC 数控系统的发展历史

1）FANUC 数控系统的发展历史列表（见表 2-1-1）。

表 2-1-1　FANUC 数控系统发展历史列表

年　代	系统的种类	控制轴数/联动轴数	伺服的种类	应 用 情 况
1976 年	FS-5 FS-7 POWER MATE 系列 F200C、F330D		DC 伺服电动机	
1979 年	FS-2 系列 FS-3 系列 FS-6 系列 FS-9 系列			
1984 年	FS 10 系列 FS 11 系列 FS 12 系列		AC 伺服电动机 （模拟控制）	
1985 年	FS 0 系列	4/4		一般机械 小型机械 经济型机械
1987 年	FS 15 系列	24/16		高精度机床 复合机械 五面体加工机
1990 年	FS 16 系列	8/6		高性能机械 五面体加工机
1991 年	FS 18 系列	6/4		高性能机械
1992 年	FS 20 系列	4/3		
1993 年	FS 21 系列	5/4		高性能机械 一般机械
1996 年	FS 16i 系列	8/6		高性能机械 五面体加工机 一般机械
	FS 18i 系列	8/4		
		18iMB5 8/5		
	FS 21i 系列	5/4		
1998 年	FS 15i 系列	24/24	AC 伺服电动机 （数字控制）	高精度 复合机械 五面体加工机
2001 年	FS 0i-A 系列	4/4		
2003 年	FS 0i-B 系列	4/4		一般机械 小型机械 经济机械
	FS 0i MATE- B 系列	3/3		
2004 年	FS 0i-C 系列	4/4		
	FS 0i MATE-C 系列	3/3		
	FS 30i/31i/32i 系列	30i 32/24		高精度 复合机械 五面体加工机 生产线
		31i 20/12		
		32i 9/5		
2008 年	FS 0i D 系列	5/5		高精度 智能制造 五面体加工机 生产线
	FS 0i MATE-D 系列	4/4		
2015 年至今	FANUC 0i F 系列	12/10		
	FS 35i 系列	34/26		

2）常见 FANUC 数控系统

（1）0-C/0-D 系列。1985 年开发，系统的可靠性很高，使得其成为世界畅销的 CNC，该系统 2004 年 9 月停产，共生产了 35 万台。至今该系统部分还在使用中，如图 2-1-1 所示。

图 2-1-1　FANUC 0-C/0-D 系列

（2）16/18/21 系列。1990—1993 年间开发，如图 2-1-2 所示。

图 2-1-2　FANUC 16/18/21 系列

（3）16i/18i/21i 系列。1996 年开发，该系统凝聚了 FANUC 过去 CNC 开发的技术精华，广泛应用于车床、加工中心、磨床等各类机床，如图 2-1-3 所示。

图 2-1-3　FANUC 16i/18i/21i 系列

（4）0i-A 系列。2001 年开发，是具有高可靠性、高性能价格比的 CNC，如图 2-1-4 所示。

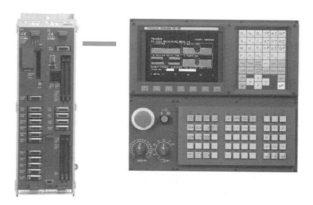

图 2-1-4 FANUC 0i-A

（5）0i-B/0i mate-B 系列。2003 年开发，是具有高可靠性、高性能价格比的 CNC，和 0i-A 相比，0i-B/0i mate-B 采用了 FSSB（串行伺服总线）代替了 PWM 指令电缆，如图 2-1-5 和图 2-1-6 所示。

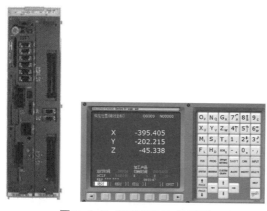

图 2-1-5 FANUC 0i-B 系列

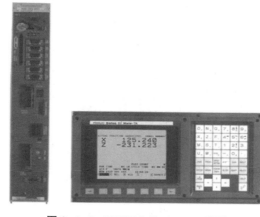

图 2-1-6 FANUC 0i mate-B 系列

（6）0i-C/0i mate-C 系列。2004 年开发，是具有高可靠性、高性能价格比的 CNC，和 0i-B/0i mate-B 相比，其特点是 CNC 与液晶显示器构成一体，便于设定和调试，如图 2-1-7 所示。

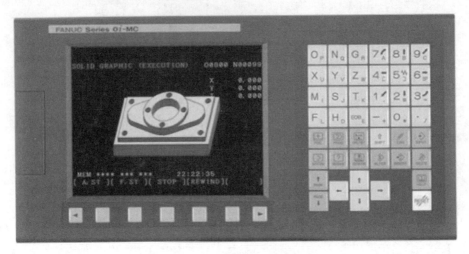

图 2-1-7　FANUC 0i-C 系列

（7）30i/31i/32i 系列。2003 年开发，适合控制 5 轴加工机床、复合加工机床、多路径车床等尖端技术机床的纳米级 CNC。通过采用高性能处理器和可确保高速的 CNC 内部总线，使得最多可控制 10 个路径和 40 个轴。同时配备了 15 英寸大型液晶显示器，具有出色的操作性能。通过 CNC、伺服、检测器可进行纳米级单位的控制，并可实现高速、高质量的模具加工，如图 2-1-8 所示。

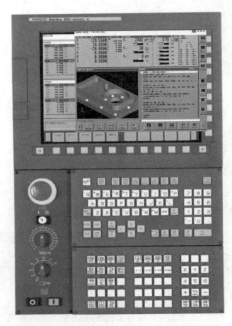

图 2-1-8　FANUC 30i/31i/32i 系列

2. FANUC 数控系统的共同结构特点

图 2-1-9 所示为典型的 FANUC 数控系统的构成框图。图 2-1-10 所示为构成框图的进一步介绍。

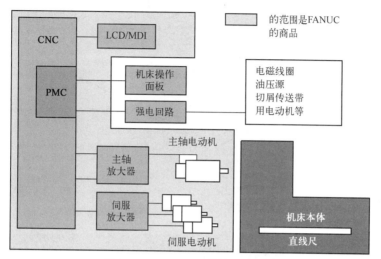

图 2-1-9　FANUC 数控系统结构

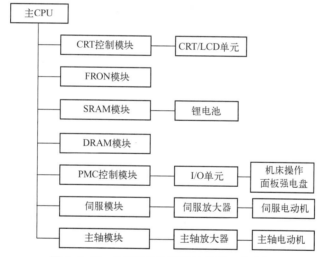

图 2-1-10　FANUC 数控系统的进一步介绍

FANUC 数控系统应用到机床上的情况如图 2-1-11 所示。

3. 查看系统的类型

查看系统的类型主要有如下两种方法：

（1）通过显示器上面的黄色条形标牌（见图 2-1-12）查看。

特殊情况：有些系统上的黄色条形标牌写的不是 FANUC 系统的类型，而是机床的名称，这样的标牌是 FANUC 公司专门给某些机床厂家做的。这种情况下可以通过第二种方法查看。

（2）通过贴在系统外壳上的铭牌查看。系统外壳的侧面或背面贴着系统的铭牌，可以查看系统的类型及系统生产系列号等，生产系列号是系统报修时重要的参考，如图 2-1-13 所示。

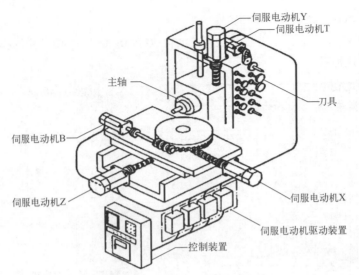

图 2-1-11　FANUC 数控系统机床

图 2-1-12　FANUC Series 0i Mate-TD 黄色条形标牌

图 2-1-13　FANUC Series 18i-MB 铭牌

名称的解释：

① 18i：表明 FANUC 系统的类型（名称），由这个名称可知系统的种类和档次。

② M：表明这种系统用在什么类型的机床上，M 用于铣床或加工中心，T 用于车床，P 用于冲床，L 用于激光机床。

③ B：表明系统的版本，由同一系统的开发的先后来定义，比如，0i-A、0i-B、0i-C。

同一系统的不同版本必定有其不同的地方，一定要注意区别。比如：0i-A、0i-B 的主要区别在于，系统发送给伺服指令的方式：0i-A 是 PWM 指令电缆，0i-B 是 FSSB（FANUC 串行伺服总线）光缆。

4. FANUC 数控系统 0i-D 和 0i-Mate D

FANUC 公司针对中国数控机床市场的迅速发展、数控机床的水平和使用特点，2008 年推出了新的 CNC 系统 0i-D/0i mate-D。该系统源自于 FANUC 目前在国际市场上销售的高端 CNC30i/31i/32i 系列，性能上比 0i-C 系列提高了许多：硬件上采用了更高速的 CPU，提高了 CNC 的处理速度；标配了以太网；控制软件根据用户的需要增加了一些控制与操作功能，特别是一些适于模具加工和汽车制造行业应用的功能，如：纳米插补、用伺服电动机做主轴控制、电子齿轮箱、存储卡上程序编辑、PMC 的功能块等。因此该系统是高性价比、高可靠性、高集成度的小型化系统。代表了目前国内常用 CNC 的最高水平。

0i-D 系统的配置如图 2-1-14 所示。

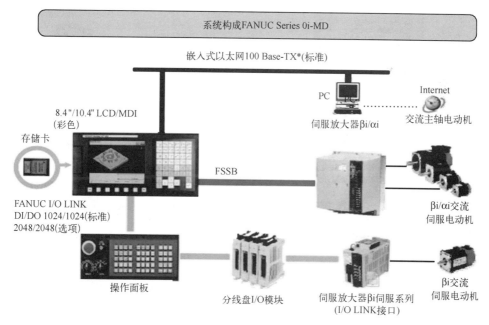

图 2-1-14   0i-D 系统配置

图 2-1-14 中给出了 0i-MD（铣削系列）的主要配置。0i-TD（单路径的车削系列）与此类似。图 2-1-15 所示为 0i-TD 双路径系统配置的配置。图 2-1-16 所示为 0i Mate-D 双路径系统配置。

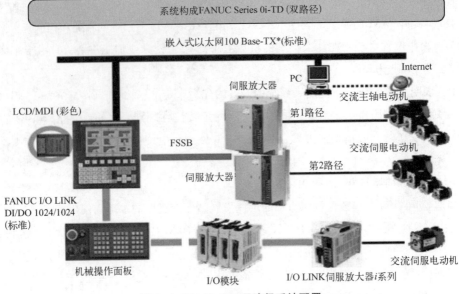

图 2-1-15　0i-TD 双路径系统配置

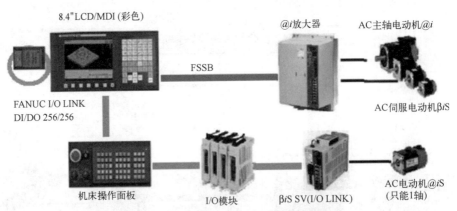

图 2-1-16　0i Mate-D 双路径系统配置

现将图中各部的内容分别叙述如下。

1）显示器与 MDI 键盘

系统的显示器可用 8.4 英寸或 10.4 英寸的 LCD（液晶）彩色显示器。还可选用触摸屏显示器。在显示器的右面或下面有 MDI（手动数据输入）键盘，横置、竖置均可，用于操作 CNC 系统。

2）进给伺服

与 0i-C 一样，经 FANUC 串行伺服总线 FSSB、用一条光缆与多个进给伺服放大器（βi/αi系列）相连。进给伺服电动机使用 βis/αis 系列电动机。0i-MD 最多可连接 5 个进给轴电动机；0i-TD 可连接 4 个；0i-TD 双通道可连接 8 个。βi 系列的放大器是伺服电动机和主轴电动机一体化的驱动器，体积结构紧凑，价格实惠。用户根据需要可选用 αi 伺服和 αi 系列的伺服电动机。伺服电动机上装有脉冲编码器，βis 电动机为 130 000 脉冲/转；αis 电动机标配为 1 000 000 脉冲/转（当 CNC 有纳米插补功能时，需配 16 000 000 脉冲/转的）。编码器既用作速度反馈，又用作位置反馈。用圆编码器做位置反馈的系统称为半闭环控制。系统还支持使用直线尺的全闭环控制。位置检测器可用增量式或绝对式。

3）主轴电动机控制

主轴电动机控制有串行口（主轴电动机的指令用二进制数据串行传送）和模拟接口（CNC 输出 0 ～ 10 V 模拟电压指令电动机的转数）两种。串行口只能用 FANUC 的驱动器和主轴电动机，用 βi 系列或 αi 系列。主轴电动机上有磁性传感器作为速度反馈。加工螺纹时主轴上要装 αi 位置编码器，C 轴控制时要装 BZi（分辨率：360 000/转）或 CZi（分辨率：3 600 000/转）编码器，以便精确地检测主轴回转的角度位置。主轴定向或定位时也需用位置编码器。0i-D 有多主轴控制功能，最多可以同时运行 3 个主轴（双路径 0i-T）。

4）机床强电的 I/O 点接口

0i-D 用图中所示的 I/O 模块做机床强电信号的驱动，标配为：可连 1024 个输入点和 1024 个输出点。I/O 模块用串行数据口 I/O LINK 与 CNC 单元连接。串行口的好处是，连接简单、数据传输速度快、可靠性高。与 CNC 连接后，每一个 I/O 点被分配为唯一的输入/输出地址，每一个 I/O 点唯一地连接一个机床的强电控制执行元件的工作点，如操作面板上的按键、按钮、开关、指示灯或强电柜中的继电器触点、接触器触点、电磁阀等。由 PMC 的顺序逻辑控制。FANUC 有标准的机床操作面板，用户可以选用。

5）I/O LINK βi 伺服

与 0i-C 一样，可以使用经 I/O LINK 口连接的 βi 伺服放大器驱动的 βis 电动机，用于驱动外部机械（如换刀、交换工作台、上下料装置等）。

6）数据输入/输出口

以太网功能与 0i-C 一样：主板上安装的（嵌入）以太网；可选的以太网插板：Data Server（数据服务器）板和 PCMCIA 网卡，可根据使用情况选择。不同的是：0i-D 标配的（主板上嵌入的）是 100 Base 的以太网电路，0i-C 只是 10 Base 的以太网电路。

📖 任务实施

1. 观察数控维修实训台，认识数控维修实训台的组成。
2. 观察 FANUC 数控系统硬件，认识系统型号。
3. 认识并指出 FANUC 数控系统的组成。

任务 2.2　连接 FANUC 0i Mate-TD 数控系统的硬件

知识点：

- FANUC 0i Mate-TD 数控系统的主要接口。

● FANUC 0i Mate-TD 数控系统主要接口的含义及作用。

任务描述

认识了 FANUC 数控系统，接下来就需要根据数控机床所完成的功能进行硬件连接。硬件连接是数控系统通电的前提，本任务是在认识数控系统的基础上，根据数控系统硬件连接图进行数控系统硬件之间的连接。

任务分析

FANUC 数控系统硬件连接是系统通电前必须要做的准备，是数控维修人员必须掌握的基本技能之一。本任务通过认识数控系统各组成部分接口，根据硬件连接图进行硬件连接，锻炼动手操作能力，加深理解数控系统的功能和作用。

相关知识

学习 FANUC 0i Mate-TD 可参照本试验台"数控装置"版块。左下角展示了本实验台的 FANUC 主板与各外围设备的连接图。

显示屏背视图，如图 2-2-1 所示。

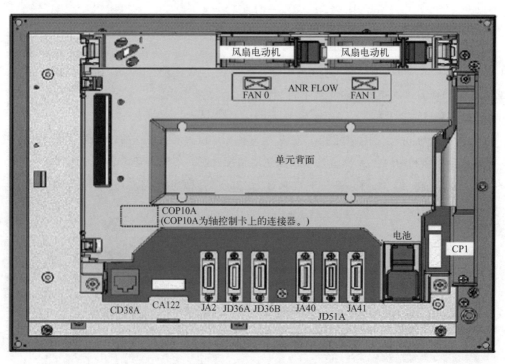

图 2-2-1 FANUC 主板背视图

CNC 主电路板，如图 2-2-2 所示。

各接口所代表的用途如表 2-2-1 所示。

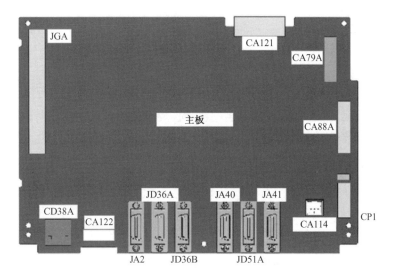

图 2-2-2　CNC 主电路板

表 2-2-1　FANUC 接口用途

连 接 器 号	用　　途	连 接 器 号	用　　途
COP10A	伺服放大器（FSSB）	JA2	MDI
JD36A	RS-232-C 串行端口 1	JD36B	RS-232-C 串行端口 2
JA40	模拟主轴/高速 DI	JD51A	I/O LINK
JA41	串行主轴/位置编码器	CP1	DC24V-IN
JGA	后面板接口	CA79A	视频信号接口
CA88A	PCMCIA 接口	CA122	软键
CA121	变频器	CD38A	以太网

FANUC 主板与各外围设备的连接图，如图 2-2-3 所示。

（1）FANUC 系统主板 24V-IN（CP1）接口引入的是直流 24 V 电源，为整个 FANUC 主板供电。红线是 DC24 V，黑线是 0 V。DC24 V 由试验台"电器"版块的开关电源供给。

（2）MDI（JA2）电缆连接 FANUC 键盘。

（3）RS232-1（JD36A）

（4）A-OUT&HDI（JA40）接口输出一个 0 ~ 10 V 的模拟电压。

（5）I/O LINK（JD51A）：

FANUC I/O LINK 是一个串行接口，将 CNC、单元控制器、分布式 I/O、机床操作面板连接起来，并在各设备间高速传送 I/O 信号（位数据）。当连接多个设备时，FANUC I/O LINK 将一个设备认作主单元，其他设备作为子单元。子单元的输入信号每隔一定周期送到主单元，主单元的输出信号也每隔一定周期送至子单元。

0i-D/0i Mate-D 系列中，JD51A（0i-C/0i Mate-C 系列中 I/O LINK 在 FANUC 主板上的插槽名称为 JD1A，与 JD51A 不同）插座位于主板上。

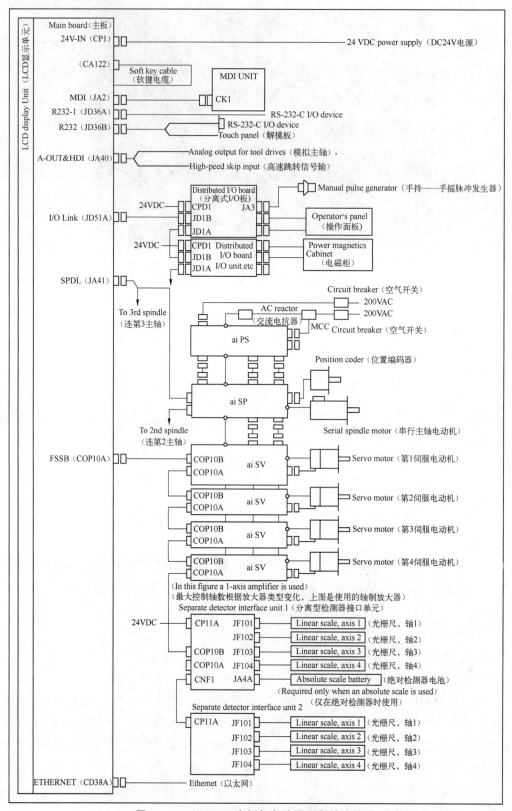

图 2-2-3 FANUC 主板与各外围设备的连接图

I/O LINK 分为主单元和子单元。作为主单元的 0i/0i Mate 系列控制单元与作为子单元的分布式 I/O 相连接。子单元分为若干个组，一个 I/O LINK 最多可连接 16 组子单元（0i Mate 系统中 I/O 的点数有所限制）。

根据单元的类型以及 I/O 点数的不同，I/O LINK 有多种连接方式。PMC 程序可以对 I/O 信号的分配和地址进行设定，用来连接 I/O LINK。I/O 点数最多可达 1024/1024 点。

I/O LINK 的两个插座分别称为 JD1A 和 JD1B。对所有单元（具有 I/O LINK 功能）来说是通用的。电缆总是从一个单元的 JD1A 连接到下一单元的 JD1B。尽管最后一个单元是空的，也无须连接一个终端插头。对于 I/O LINK 中的所有单元来说，JD1A 和 JD1B 的引脚分配都是一致的，引脚定义详见图 2-2-4，不管单元的类型如何，均可按照图 2-2-5 来连接 I/O LINK。本实验台的 FANUC 主板连接了 1 个 I/O 单元。这个 I/O 单元就安装在本试验台"数控装置"板块上。

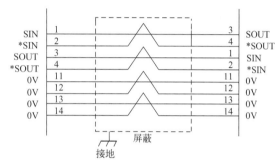

图 2-2-4 JD1A/JD1B 引脚

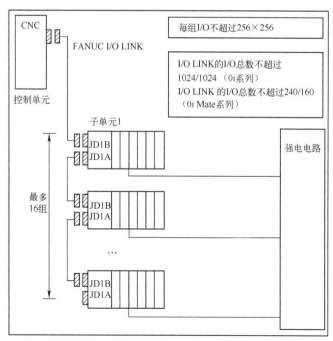

图 2-2-5 I/O LINK 连接

（6）FSSB（COP10A）

FANUC 主板就是通过 FSSB（FANUC Series Servo Bus，FANUC 串行伺服总线）与 FANUC 伺

服驱动器交换数据。FSSB 在主板上的接口名称为 COP10A，通过 2 根光缆连接到伺服驱动的 COP10B。由于 FSSB 采用光缆为载体，而非电缆，其信号衰减几乎为 0，且几乎不受电磁干扰。极大地提高了系统的稳定性。

任务实施

现场认识 FANUC 0i Mate-TD 系统主板接口。

步骤：

（1）学生使用六角扳手打开系统后板。

（2）观察系统接口，掌握每个接口的作用。

（3）现场认识系统主板上的接口。

（4）现场认识 I/O LINK 及其接口。

（5）现场认识伺服放大器、伺服电动机、编码器及其接口。

（6）现场认识主轴变频器的接口。

（7）进行主板与伺服放大器、伺服放大器与伺服电动机及编码器的连接。

（8）进行主板与 I/O LINK 模块的连接。

（9）进行主板与主轴变频器之间的连接。

任务 2.3　数控机床电气控制系统连接

知识点：

- 常用电气元器件的工作原理。
- 数控机床电气原理图。
- 能根据电路图进行数控机床电气元器件的连接。

任务描述

电气控制系统由许多电器元件按一定要求和方法连接而成。通过对某数控车床的部分电气原理图的阅读分析，锻炼对实际电路图的阅读分析能力，根据电路图进行电气元器件的连接，分析各电路组成部分的电器所起到的作用，锻炼动手操作能力。

任务分析

数控机床电气连接是数控维修人员的基本功。本次任务就是根据电气连接图识别电气元器件以及连接，根据电气连接图了解电器元件和连接方法。

1. 开关电源

开关电源如图 2-3-1 所示。

2. 模拟主轴

模拟主轴如图 2-3-2 所示。

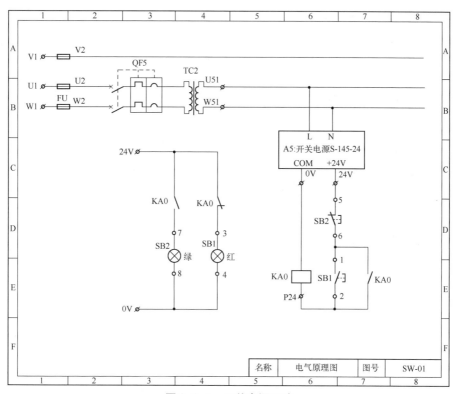

图 2-3-1　开关电源回路

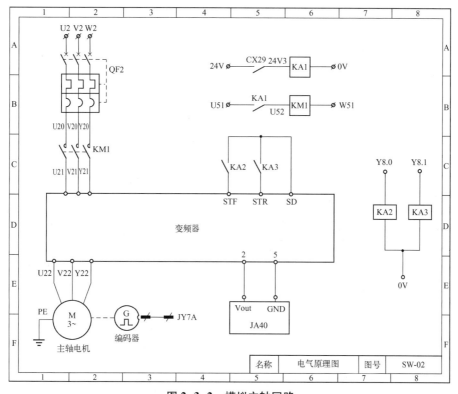

图 2-3-2　模拟主轴回路

3. *X*、*Z*轴驱动器

X、*Z*轴驱动器如图2-3-3所示。

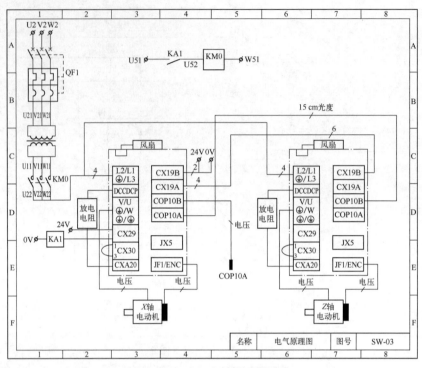

图 2-3-3 *X*、*Z*轴驱动器回路

4. 分线器模块

分线器模块如图2-3-4所示。

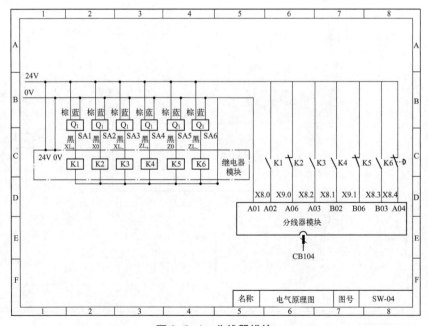

图 2-3-4 分线器模块

5. 系统模块

系统模块如图 2-3-5 所示。

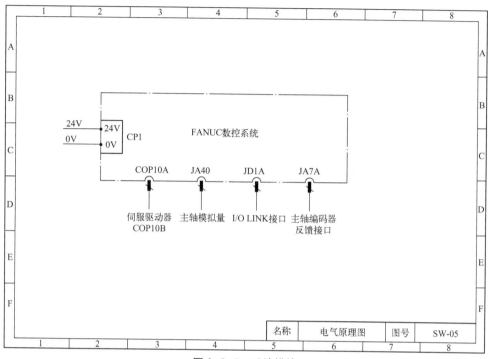

图 2-3-5 系统模块

6. 冷却泵

冷却泵如图 2-3-6 所示。

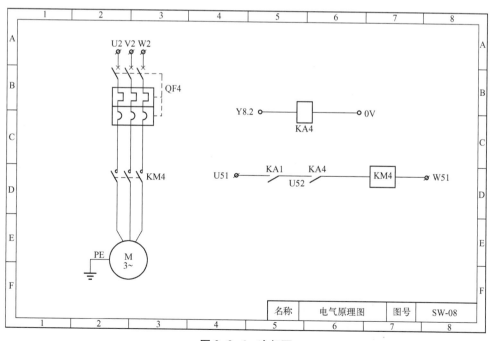

图 2-3-6 冷却泵

7. I/O LINK 模块

I/O 模块如图 2-3-7 所示

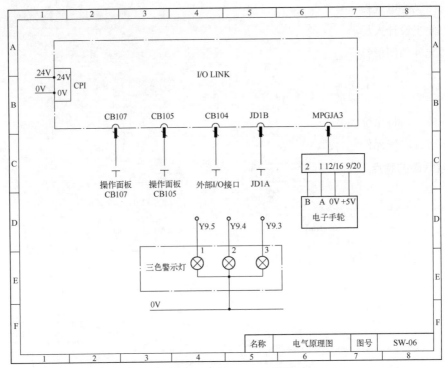

图 2-3-7　I/O LINK 模块

8. 电动刀架

电动刀架如图 2-3-8 所示。

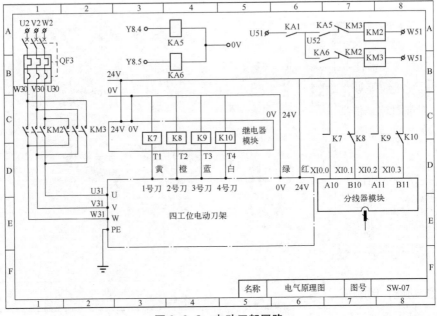

图 2-3-8　电动刀架回路

相关知识

电气图又称电气控制系统图。图中必须根据国家标准，采用统一的文字符号、图形符号及画法，以便于设计人员的绘图与现场技术人员、维修人员的识读。在电气图中，代表电动机、各种电器元件的图形符号和文字符号应按照我国已颁布实施的有关国家标准绘制。

电气控制系统是由电动机和若干电气元件按照一定要求连接组成，以便完成生产过程控制特定功能的系统。为了表达生产机械电气控制系统的组成及工作原理，同时也便于设备的安装、调试和维修，而将系统中各电气元件及连接关系用一定的图样反映出来，在图样上用规定的图形符号表示各电气元件，并用文字符号说明各电气元件，这样的图样称为电气图。

1. 电气图的特点

（1）电气图的作用：阐述电气控制系统的工作原理，描述产品的构成和功能，提供装接和使用信息的重要工具和手段。

（2）简图是电气图的主要表达方式，是用图形符号、带注释的围框或简化外形表示系统或设备中各组成部分之间相互关系及其连接关系的一种图。

（3）元件和连接线是电气图的主要表达内容。

① 一个电路通常由电源、开关设备、用电设备和连接线4部分组成，如果将电源设备、开关设备和用电设备看成元件，则电路由元件与连接线组成，或者说各种元件按照一定的次序用线连接起来就构成一个电路。

② 元件和连接线的表示方法。

- 元件用于电路图中时有集中表示法、分开表示法、半集中表示法。
- 元件用于布局图中时有位置布局法和功能布局法。
- 连接线用于电路图中时有单线表示法和多线表示法。
- 连接线用于接线图及其他图中时有连续线表示法和中断线表示法。

（4）图形符号、文字符号（或项目代号）是电气图的主要组成部分。一个电气系统或一种电气装置由各种元器件组成，在主要以简图形式表达的电气图中，无论是表示构成，表示功能，还是表示电气接线等等，通常用简单的图形符号表示。

（5）对能量流、信息流、逻辑流、功能流的不同描述构成了电气图的多样性。一个电气系统中，各种电气设备和装置之间，从不同角度、不同侧面存在着不同的关系。

① 能量流——电能的流向和传递。

② 信息流——信号的流向和传递。

③ 逻辑流——相互间的逻辑关系。

④ 功能流——相互间的功能关系。

2. 刀开关、倒顺开关

功能：用于不频繁分断电源主回路，形成明显的断点。没有带灭弧装置，不能带大电流操作，无保护功能；倒顺开关有换向的作用。

参数：额定电流、接线方式、操作方式等。

常用型号：HD11-400/39、HS11-600/39。

3. 断路器

功能：用于线路保护，如短路保护、过载保护等，也可在正常条件下用来非频繁地切断电路。

常用的断路器一般根据额定电流大小分为：框架式断路器（一般630 A以上）、塑壳断路器（一般630 A以下）、微型断路器（一般63 A以下）。

参数：额定电流、框架电流、额定工作电压、分断能力等。

常用型号：C65N D10A/3P、NSX250N、MET20F202。详见《断路器基础知识及常用断路器选型》。

4. 熔断器

功能：熔断器是一种最简单的保护电器，在电路中主要起短路保护作用。熔断器就功能上可分为普通熔断器（gG）和半导体熔断器（aR），半导体熔断器主要用于半导体电子器件的保护，一般动作时间较普通熔断器和断路器快，因此又称快熔；普通熔断器一般只用于线路短路保护。做线路保护用的熔断器一般只用在一些检测、控制回路中，大部分都被断路器取代。

常用型号：RT18-2A/32X、NGTC1-250A/690V

5. 热继电器

功能：用于控制对象（电动机）的过载保护，常见于对多台电动机的保护。当一台变频器驱动多台电动机时，需要加热继电器做过载保护，防止其中某台电动机因过载而烧坏。一般用于鼠笼或者变频电动机，绕线式电动机一般不采用热继电器来做过载保护，而用过流继电器。（绕线式电动机一般过载能力较鼠笼式强，直接启动时启动电流也较鼠笼式小。

参数：整定电流。

常用型号：LRD-12C+LAD。

任务实施

1. 在充分理解电器原理图及数控系统的基础上，对未拆解的机床进行检查：

（1）电路图与机床的实物对照，进一步建立理论与实际的联系。

（2）仔细确认电路图中的每个元件的标注，有误做出修改。

（3）在充分做出前面两项的基础上，制订数控机床电气拆解方案。

2. 根据数控机床电气拆解方案，进行数控机床的电气拆解。

3. 拆解完成后，按照图纸进行元器件的清点，近距离观察各元件及其连接接口。

4. 机床的电气连接。

（1）系统的电源连接。

（2）系统与外围设备的连接。

（3）系统与主轴的连接。

（4）系统与伺服放大器的连接。

（5）刀架及附件的连接。

（6）元件连接牢固可靠。

＊请确认机床的连接与图纸无误（或确信设计、修改正确）。

5. 在机床通电前做以下电气检查：

（1）三相入线与机床接地的绝缘。

（2）220 V 交流电源线的检查。

（3）24 V 直流电源的线路检查。

＊发现问题，在未解决之前，严禁下一步通电试验。

6. 在电气检查未发现问题的情况下，进行以下的通电检查：

（1）三线电源总开关 SA0 的接通，检查电源是否正常。

（2）三线电源漏电保护开关 QF0 的接通，检查电源是否正常，观察电压表、电源指示灯。

（3）依次接通各断路器，检查电压。

（4）检查开关电源的入线及输出。

＊发现问题，在未解决之前，严禁进行下一步试验。

（5）进行 NC ON/OFF，观察数控的现象。

7. 数控系统的硬件及连接实训完成，总结实训内容。回答以下问题：

（1）系统的构成、各元件的作用。

（2）讨论、总结机床拆解的方案及实施。

（3）总结系统通电前检查的方案及实施。

（4）电气检查的过程。

项目三
FANUC PMC 的编程与调试

任务 3.1　I/O 地址分配

知识点：
- PMC 地址类型。
- I/O 模块。

📋 任务描述

当硬件连接好后，如何让系统识别各个 I/O 单元的外部输入信号呢？我们就需要进行 I/O 单元的软件设定（地址分配）了。本任务是在硬件连接完成的基础上，根据编程的需要来分配地址，通过 MDI 键盘和显示器进行操作。

📋 任务分析

FANUC 机床 I/O LINK 是一个串行接口，是将 CNC、单元控制器、分布式 I/O、机床操作面板或 Power Mater 连接起来，并在各设备间高速传送 I/O 信号（位数据）。通俗地讲，I/O LINK 是一个串行接口，用于系统各单元的通信，而 PMC 则是它的功能单元，即 PMC 通过 I/O LINK 接受输入信号，再将处理结果通过 I/O LINK 输出到受控单元去，I/O LINK 就像一个中转站一样给 PMC 信号去处理再接受 PMC 反馈的信号去控制机床运动。

I/O 地址分配就是要建立起 PMC 与输入/输出之间的关系，通过硬件连接后给输入输出信号进行相应的物理定义。

FANUC 0i-D 系列主板上的 I/O 接口为 JD51A，通过信号线连接相邻的 I/O 模块的 JD1B 接口，再从这个模块的 JD1A 接口，连接到下一个模块的 JD1B 接口，依此类推，直至连接到最后一个 I/O 模块的 JD1B 接口，而最后一个 I/O 模块的 JD1A 接口为空。

按照这种 JD1A-JD1B 方式串行连接的各 I/O 模块，其物理位置按照组、基座、槽的方式定义。

相关知识

1. PMC 基础知识

1）顺序程序的概念

所谓的顺序程序是指对机床及相关设备进行逻辑控制的程序。在将程序转换成某种格式（机器语言）后，CPU 即对其进行译码和运算处理，并将结果存储在 RAM 和 ROM 中。CPU 高速读出存储在存储器中的每条指令，通过算数运算来执行程序，如图 3-1-1 所示。

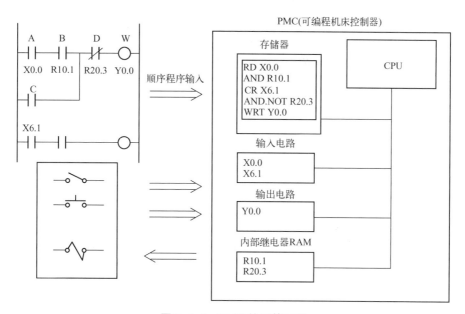

图 3-1-1 PMC 的运算过程

PMC（Programmable Machine Controller，可编程序机床控制器）内置在 CNC 系统内，采用可编程的存储器，用于其内部存储程序、执行逻辑运算、顺序控制、定时、计数等多种功能指令，并通过数字输入/输出执行机床的顺序控制过程，如主轴旋转、换刀、机床操作面板、继电器等的控制。

用来对机床进行顺序控制的程序，通常使用梯图语言（Ladder Language）的顺序程序，如图 3-1-2 所示。

2）顺序程序和继电器电路的区别（见图 3-1-3）

继电器回路图 3-1-3（a）和图 3-1-3（b）的动作相同。接通 A（按钮开关）后线圈 B 和 C 中有电流通过，C 接通后 B 断开。

PMC 程序图 3-1-3（a）中，和继电器回路一样，A 接通后 B、C 接通，经过一个扫描周期后 B 关断。但在图 3-1-3（b）中，A（按钮开关）接通后 C 接通，但 B 并不接通。所以通过图 3-1-3 可以明白 PMC 顺序扫描顺序执行的原理。

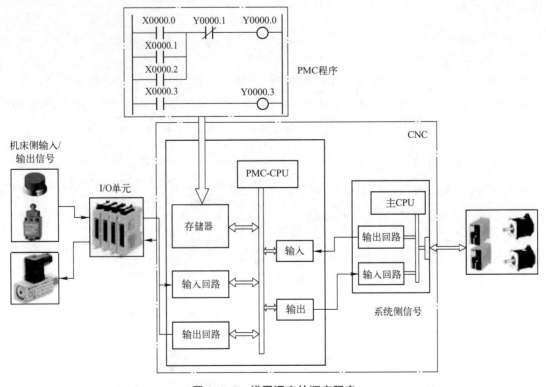

图 3-1-2 梯图语言的顺序程序

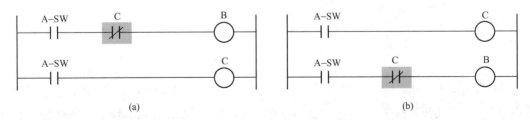

图 3-1-3 梯图与继电器电路的区别

3）PMC 的程序结构

对于 FANUC 的 PMC 来说，其程序结构如下：第一级程序—第二级程序—第三级程序（视 PMC 的种类不同而定）—子程序—结束，如图 3-1-4 所示。

在 PMC 执行扫描过程中第一级程序每 8 ms 执行一次，而第二级程序在向 CNC 的调试 RAM 中传送时，第二级程序根据程序的长短被自动分割成 n 等分，每 8 ms 中扫描完第一级程序后，再依次扫描第二级程序，所以整个 PMC 的执行周期是 $n \times 8$ ms。因此如果第一级程序过长导致每 8 ms 扫描的第二级程序过少的话，则相对于第二级 PMC 所分隔的数量 n 就多，整个扫描周期相应延长。而子程序位于第二级程序之后，其是否执行扫描受一二级程序的控制，所以对一些控制较复杂的 PMC 程序，建议用子程序来编写，以减少 PMC 的扫描周期，如图 3-1-5 所示。

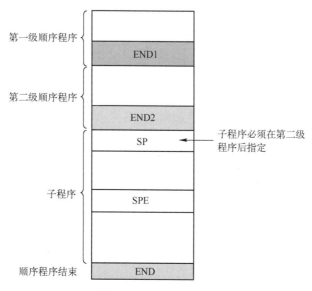

图 3-1-4　程序结构图

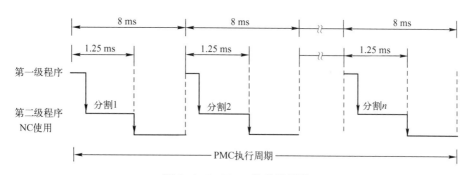

图 3-1-5　PMC 的执行周期

输入/输出信号的处理如图 3-1-6 所示。

一级程序对于信号的处理：

如图 3-1-6 所示，可以看出在 CNC 内部的输入和输出信号经过其内部的输入/输出存储器每 8 ms 由第一级程序直接读取和输出。而对于外部的输入/输出经过 PMC 内部的机床侧输入/输出存储器每 2 ms 由第一级程序直接读取和输出。

二级程序对于信号的处理：

而第二级程序所读取的内部和机床侧的信号还需要经过第二级程序同步输入信号存储器锁存，在第二级程序执行过程中其内部的输入信号是不变化的。而输出信号的输出周期决定于二级程序的执行周期。

所以由图 3-1-6 可以看出，第一级程序对于输入信号的读取和相应的输入信号存储器中信号的状态是同步的，而输出是以 8 ms 为周期进行输出。第二级程序对于输入信号的读取因为同步输入寄存器的使用而可能产生滞后，而输出则决定于整个二级程序的长短来取定执行周期。所以第一级程序称为高速处理区。

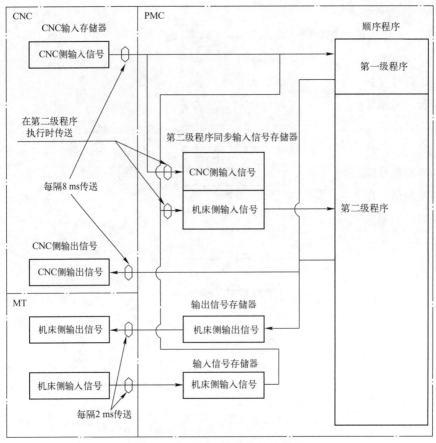

图 3-1-6　输入/输出信号的处理

4）PMC 信号地址（见图 3-1-7）

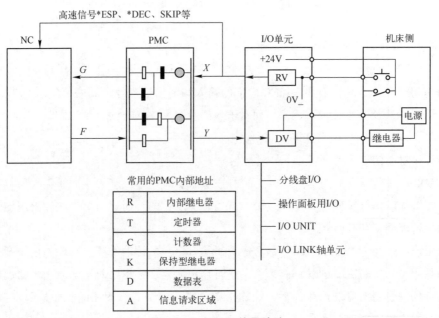

图 3-1-7　PMC 信号地址

对于 PMC 在数控机床上的应用来说信号地址可以分成两大类，内部地址（G，F）和外部地址（X，Y）。PMC 采集机床侧的外部输入信号（如机床操作面板、机床外围开关信号等）和 NC 内部信号（如 M、S、T 代码，轴的运行状态等）经过相应梯图的逻辑控制，产生控制 NC 运行的内部输出信号（如操作模式、速度、启动停止等）和控制机床辅助动作外部输出信号（如液气压、转台、刀库等中间继电器）。

注：所谓的高速处理信号为外部输入信号采用固定地址，由系统直接读取这些信号而不经过 PMC 处理，因此称为高速输入信号。

系统的外部信号即通常所说的输入/输出信号，在 FANUC 系统中是通过 I/O 单元以 LINK 串行总线与系统通信。在 LINK 总线上，NC 是主控端而 I/O 单元是从控端，多 I/O 单元相对于主控端来说是以组的形式定义的，相对于主控端最近的为第 0 组，依此类推。一个系统最大可以带 16 组 I/O 单元，最大的输入/输出点数是 1024/1024。

2. I/O 模块

在 FANUC 系统中 I/O 单元的种类很多，常用的模块介绍如表 3-1-1 所示。

表 3-1-1　FANUC 系统 I/O 模块类型

装 置 名	说 明	手轮连接	信号点数 输入/输出
0i 用 I/O 单元模块	在 0i-C 系列上使用的机床 I/O 接口，它和 0i-B 系列内置的 I/O 卡具有相同的功能	有	96/64
机床操作面板模块	是装在机床操作面板上带有矩阵开关和 LED	有	96/64
操作盘 I/O 模块	带有机床操作盘接口的装置，0i 系统上常见	有	48/32
分线盘 I/O 模块	是一种分散型的 I/O 模块，能适应机床强电电路输入/输出信号的任意组合的要求，由基本单元和最大三块扩展单元组成。	有（注）	96/64
FANUC I/O UNIT A/B	是一种模块结构的 I/O 装置，能适应机床强电输入/输出任意组合的要求	无	最大 256/256
I/O LINK 轴	使用 β 系列 SVU（带 I/O LINK）可以通过 PMC 外部信号控制伺服电动机进行定位	无	128/128

注：当手轮连接到分线盘 I/O 模块时，只有连接到第一个扩展单元的手轮有效。

3. I/O 模块的连接

1）信号的连接

当进行输入/输出信号连线时，要注意系统的 I/O 对于输入（局部）/输出的连接方式有两种，按电流的流动方向分源型输入（局部）/输出和漏型输入（局部）/输出，而决定使用哪种方式的连接由 DICOM/DOCOM 输入和输出的公共端来决定，通常情况下当使用分线盘等 I/O 模块时，局部可选择一组 8 点信号通过 DICOM 端连接成漏型和源型输入。原则上建议采用漏型输入（即+24 V 开关量输入），避免信号端接地的误动作，如图 3-1-8 和图 3-1-9 所示。

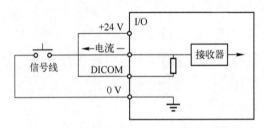

注：①作源型输入使用时，把 DICOM 端子与+24 V 端子相连接。
②+24 V 也可由外供电供给。

图 3-1-8　源型输入连接图

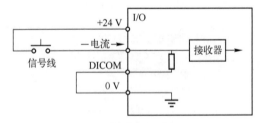

注：①作漏型输入使用时，把 DICOM 端子与 0 V 端子相连接。
②+24 V 也可由外部电源供给。

图 3-1-9　漏型输入连接图

当使用分线盘等 I/O 模块时，输出方式可全部采用通过 DOCOM 端源型和漏型输出，安全起见推荐使用源型输出（即+24 V 输出），同时在连接时注意续流二极管的极性，以免造成输出短路，如图 3-1-10 和图 3-1-11 所示。

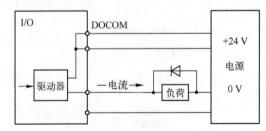

注：把驱动负载的电源接在印制板的 DOCOM 上。
（因为电流是从印制板上流出的，所以称为源型）

图 3-1-10　源型输出图

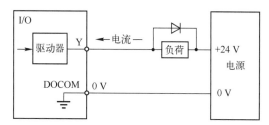

注：PMC接通输出信号（Y）时，印制板内的驱动回路即动作，输出端子变为0V。

（因为电流是流入印制板的，所以称为漏型）

图 3-1-11 漏型输出图

2）I/O LINK 的设定（地址分配），如图 3-1-12 所示。

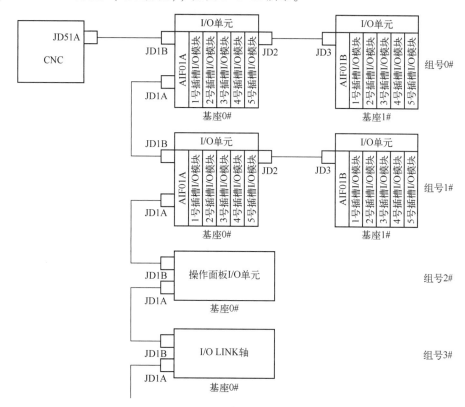

图 3-1-12 I/O LINK 的设定

采用串行连接方式将主控单元与 I/O 模块相连后，每块 I/O 模块的物理位置依据其在回路中的先后顺序，以组、座、槽来描述，如图 3-1-13 所示。

系统与 I/O 单元、I/O 单元与 I/O 单元通过 JD1A→JDIB 相连，通过 JDIA/JDIB 连接的 I/O 单元称为组，系统最先连接的 I/O 单元称为 0 组，依此类推。

如图 3-1-14 所示，当使用 I/O UNIT-A 模块时，可以在基本模块之外再连接扩展模块，那么对基本模块和扩展模块以座来定义，基本模块被定义为 0 座、扩展模块被定义为 1 座。

同样是 I/O UNIT-A 的模块，在每个基座上可以安装若干个板卡模块，板卡模块以槽来定义，靠近单元侧为 1 号槽，其次按顺序排列。

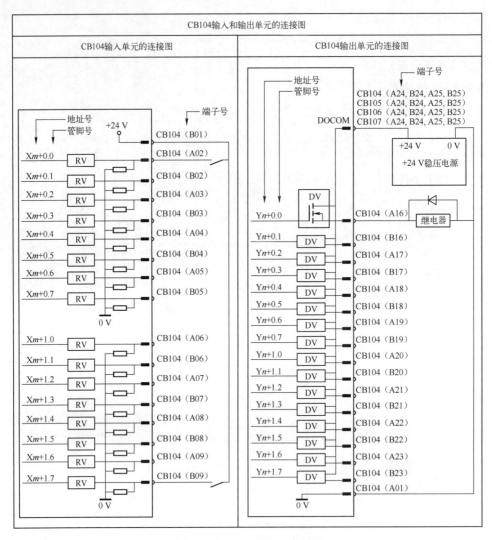

图 3-1-13　I/O 模块内部结构

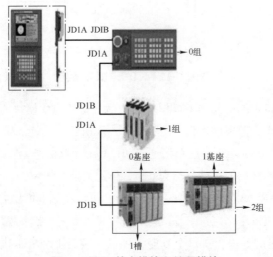

图 3-1-14　基本模块和扩展模块

其他的模块作为整体以 n 组、0 座、1 槽进行定义。

当硬件连接好后，如何让系统识别各个 I/O 单元的外部输入信号呢？需要进行 I/O 单元的软件设定（地址分配），即确定每个模块 X_m/Y_n 中的 m/n 的数值。

在图 3-1-14 中系统连接了 3 块 I/O 模块，第一块为机床操作面板，第二块为分线盘 I/O 模块，第三块为 I/O UNIT-A 模块。其物理连接顺序决定了其组号的定义，即依次为第 0 组、第 1 组、第 2 组。

其次再决定每一组所控制的输入/输出的起始地址。

确定好以上条件后即可开始进行实际的设定操作。

任务实施

当硬件连接完成后，通过系统的 I/O LINK 模块画面进行设定，定义连接到每块 I/O 单元的输入/输出地址，如图 3-1-15 所示。根据此任务各组员在机器上进行实践操作，并进行小组汇报总结。

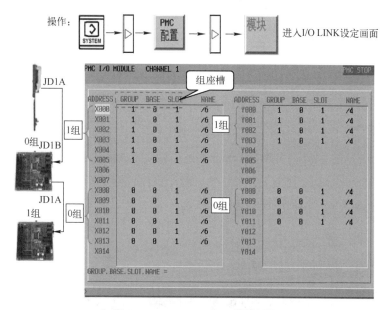

图 3-1-15　I/O LINK 模块画面

可以通过两种方式分配 I/O 模块的地址，分别是通过 PMC 操作界面分配和通过 LADDERIII 软件设定。

如果是通过 PMC 操作界面进行设定，则通过以下方式进入 I/O 地址设定界面：

① 按下 MDI 键盘上的【SYSTEM】键；

② 按下【+】（扩展）键数次；

③ 按下【PMCCNF】键；

④ 按下【模块】键。

即可进入 I/O 模块显示、编辑界面。

如果要对该界面进行操作，即进行地址修改或重新分配，则按下【操作】键，再按下【操作】键，就可以对 I/O 模块的地址进行删除、全删除、地址分配等操作。

任务 3.2　FANUC PMC 画面操作

知识点：

- PMC 画面的内容。
- PMC 画面操作步骤。

任务描述

数控系统除了对机床各坐标轴的位置进行连续控制外，还需要对机床主轴正反转与启停、工件的夹紧与松开、刀具更换、工位工作台交换、液压与气动、切削液开关、润滑等辅助工作进行顺序控制。现代数控系统均采用可编程控制器完成。

在机床维修过程中，经常会遇到利用 PMC 进行数控机床维修的情况，作为维修人员需对打开 PMC 画面及相关操作十分熟悉，本任务中，将学习如何查看 PMC 屏幕画面。通过查看 PMC 屏幕画面，可以对梯图进行监控、查看各地址状态、地址状态的跟踪、参数（T\C\K\D）的设定等功能。

任务分析

学习 PMC 就要熟悉 PMC 的各个画面，并熟练操作。本任务就是学习如何操作 PMC 进行显示、编辑等内容。要完成这个任务，首先要熟悉各个操作按键，其次掌握各个画面，最后要掌握各个画面之间的关系，可以有顺序、条理地操作。

相关知识

1. 进入 PMC 画面的操作

按【SYSTEM】键进入系统参数画面 $\boxed{\text{参数}\quad\text{诊断}\quad\quad\text{系统}\quad(操作)\quad +}$ 。

再连续按向右扩展菜单三次进入 PMC 操作画面。

2. 进入 PMC 诊断与维护画面

按【PMCMNT】键 $\boxed{\text{PMCMNT}\ \text{PMCLAD}\ \text{PMCCNF}\ \text{PM.MGR}\ (操作)\ +}$ 进入 PMC 维护画面，如图 3-2-1 所示。

PMC 诊断与维护画面可以进行监控 PMC 的信号状态、确认 PMC 的报警、设定和显示可变定时器、显示和设定计数器值、设定和显示保持继电器、设定和显示数据表、输入/输出数据、显示 I/O LINK 连接状态、信号跟踪等功能。

（1）监控 PMC 的信号状态，如图 3-2-2 所示。

在信息状态显示区上，显示在程序中指定的所在地址内容。地址的内容以位模式 0 或 1 显示，最右边每个字节以十六进制或十进制数字显示。在画面下部的附加信息行中，显示光标所在地址的符号和注释。光标对准在字节单位上时，显示字节符号和注释。在本画面中按"操作"键。输入希望显示的地址后，按"搜索"键。按"十六进制键"进行十六进制与十进制转换。要改变信息显示状态时按下强制键，进入到强制开/关画面。

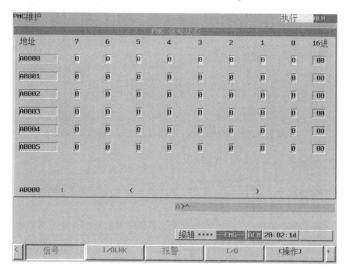

图 3-2-1　PMC 诊断与维护画面

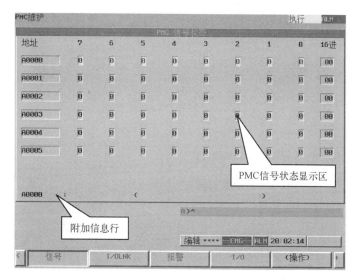

图 3-2-2　PMC 信号监控画面

（2）显示 I/O LINK 连接状态画面，如图 3-2-3 所示。

I/O LINK 显示画面上，按照组的顺序显示 I/O LINK 上所在连接的 I/O 单元种类和 ID 代码。按"操作"键。按"前通道"键显示上一个通道的连接状态。按"次通道"键显示下一个通道的连接状态。

（3）PMC 报警画面，如图 3-2-4 所示。

报警显示区，显示在 PMC 中发生的报警信息。当报警信息较多时会显示多页，这时需要用

"翻页"键来翻到下一页。

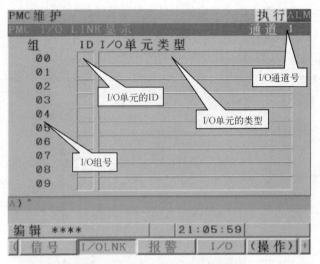

图 3-2-3 I/O LINK 显示画面

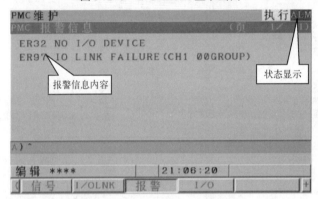

图 3-2-4 PMC 报警画面

（4）输入与输出数据画面，如图 3-2-5 所示。

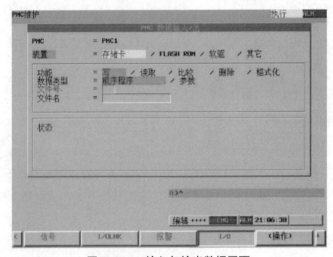

图 3-2-5 输入与输出数据画面

在 I/O 画面上，顺序程序，PMC 参数以及各种语言信息数据可被写入到指定的装置内，并可以从指定的装置内读出和核对。

光标显示：上下移动各方向选择光标，左右移动各设定内容选择光标。

可以输入/输出的设备有：存储卡、FLASH ROM、软驱、其他。

存储卡：与存储卡之间进行数据的输入/输出。

FLASH ROM：与 FLASH ROM 之间进行数据的输入/输出。

软驱：与 Handy File、软盘之间进行数据的输入/输出。

其他：与其他通用 RS232 输入/输出设备之间进行数据的输入/输出。

在画面下的状态中显示执行内容的细节和执行状态。此外，在执行写、读取、比较中，作为执行结果显示已经传输完成的数据容量。

（5）定时器显示画面，如图 3-2-6 所示。

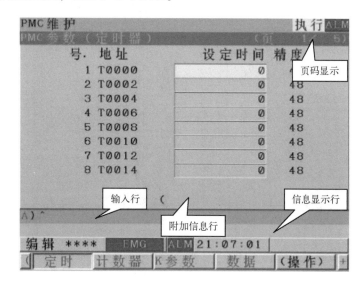

图 3-2-6　定时器画面

定时器内容号：用功能指令时指定的定时器号。

地址：由顺序程序参照的地址。

设定时间：设定定时器的时间。

精度：设定定时器的精度。

（6）计数器显示画面，如图 3-2-7 所示。

计数器内容：

号：用功能指令时指定的计数器号。

地址：由顺序程序参照的地址。

设定值：计数器的最大值。

现在值：计数器的现在值。

注释：设定值的 C 地址注释。

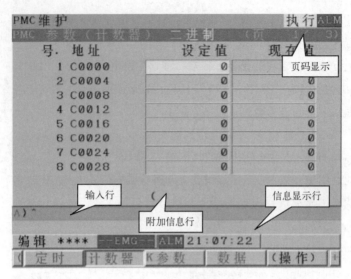

图 3-2-7　计数器画面

（7）K 参数显示画面，如图 3-2-8 所示。

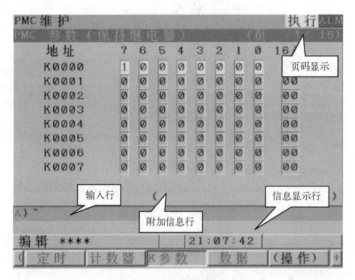

图 3-2-8　K 参数显示画面

K 参数内容：

地址：由顺序程序参照的地址。

0 ～ 7：每一位的内容。

16 进：以十六进制显示的内容。

（8）D 参数显示画面，如图 3-2-9 所示。

数据内容：

组数：数据表的数据数。

号：组号。

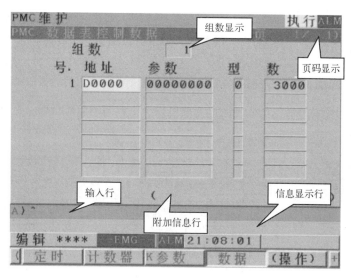

图 3-2-9　D 参数显示画面

地址：数据表的开头地址。

参数：数据表的控制参数内容。

型：数据长度。

数据：数据表的数据数。

注释：各组的开头 D 地址的注释。

退出时按【POS】键即可退回到坐标显示画面。

3. 进入梯图监控与编辑画面

进入梯图监控与编辑画面可以进行梯图的编辑与监控以及梯图双线圈的检查等内容。

按 "PMCLAD" 键 〔PMCMNT〕〔PMCLAD〕〔PMCCNF〕〔PM. MGR〕〔（操作）〕 进入 PMC 梯图状态画面。

（1）列表画面，如图 3-2-10 所示。

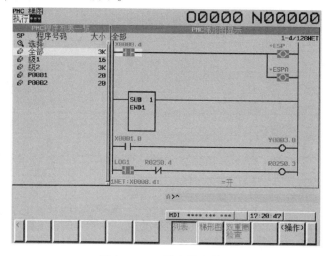

图 3-2-10　列表显示画面

主要显示梯图的结构等内容，在 PMC 程序一览表中，带有"锁"标记的为不可以查看与不可以修改；带有"放大镜"标记的为可以查看，但不可以编辑；带有"铅笔"标记的表示可以查看，也可以修改。

（2）梯图画面，如图 3-2-11 所示。

在 SP 区选择梯图文件后，进入梯图画面就可以显示梯图的监控画面，在这个图中可以观察梯图各状态的情况。

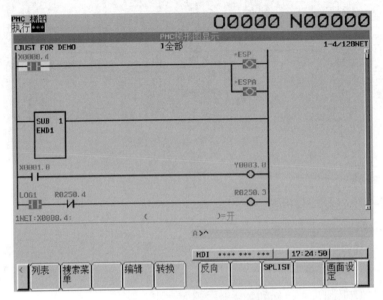

图 3-2-11　梯图显示画面

（3）双层圈画面，如图 3-2-12 所示。

在双层圈画面中可以检查梯图中是否有双线圈输出的梯图，最右边的"操作"键表示该菜单下的操作项目。

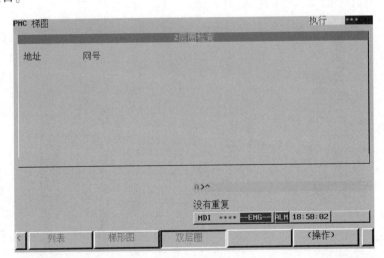

图 3-2-12　双层圈画面

退出时按【POS】键即可返回到坐标显示画面。

4. 进入梯图配置画面

梯图配置画面可以分为标头、设定、PMC 状态、SYS 参数、模块、符号、信息、在线和"操作"键。

按【PMCCNF】键 │PMCMNT│PMCLAD│PMCCNF│PM. MGR│（操作）│▌进入 PMC 构成画面。

（1）标头画面，如图 3-2-13 所示。

标头画面显示 PMC 程序的信息。

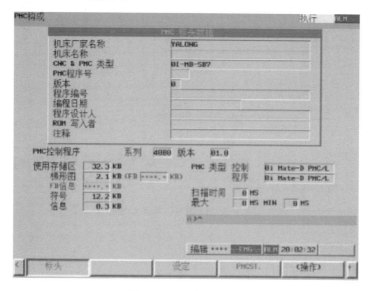

图 3-2-13　标头画面

（2）PMC 设定画面，如图 3-2-14 所示。

设定画面显示 PMC 程序一些设定的内容。

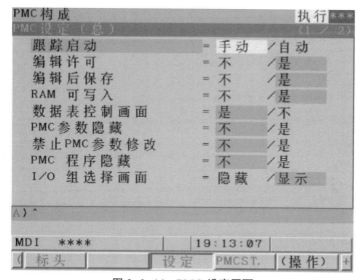

图 3-2-14　PMC 设定画面

（3）PMC 状态画面，如图 3-2-15 所示。

PMC 状态画面显示 PMC 的状态信息或者多路径 PMC 的切换。

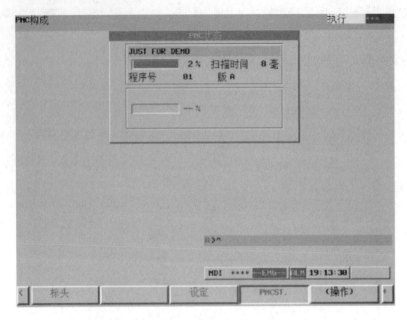

图 3-2-15　PMC 状态画面

（4）SYS 参数画面，如图 3-2-16 所示。

SYS 参数画面用于显示和编辑 PMC 的系统参数。

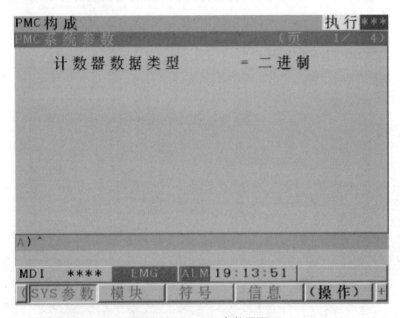

图 3-2-16　SYS 参数画面

（5）模块画面，如图 3-2-17 所示。

模块画面用于显示和编辑 I/O 模块的地址表等内容。

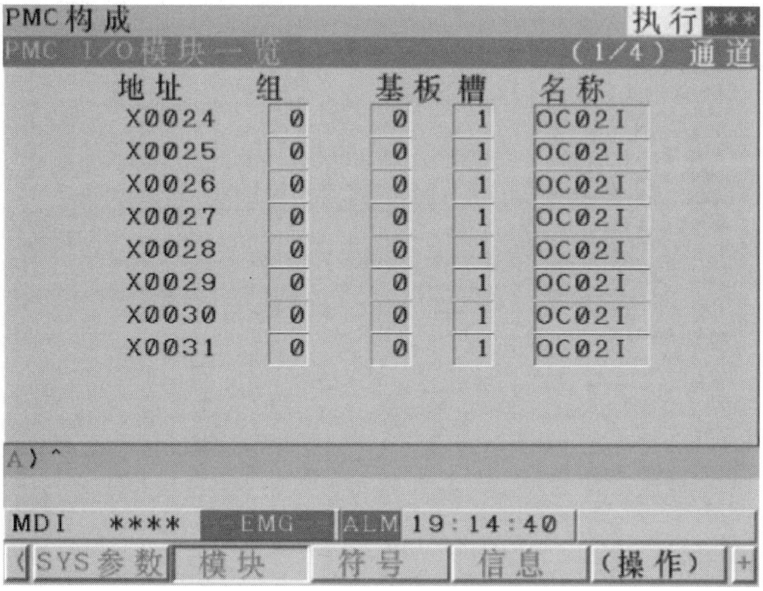

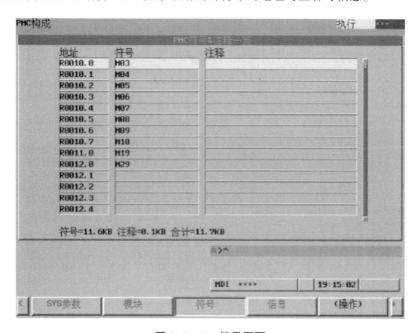

图 3-2-17　I/O LINK 模块画面

（6）符号画面，如图 3-2-18 所示。

符号画面用于显示和编辑 PMC 程序中用到的符号的地址与注释等信息。

图 3-2-18　符号画面

（7）信息画面，如图 3-2-19 所示。

信息画面用于显示和编辑报警信息的内容。

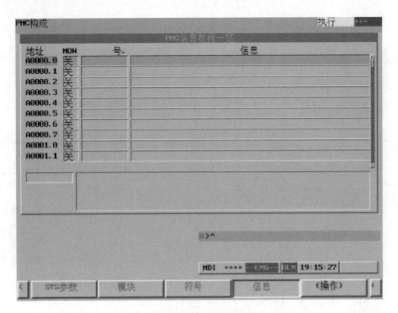

图 3-2-19　信息画面

（8）在线画面，如图 3-2-20 所示。

在线画面用于设定在线监控参数。

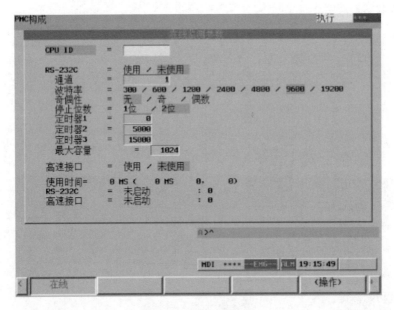

图 3-2-20　在线画面

退出时按【POS】键即可返回到坐标显示画面。

5. 进入 CNC 管理器画面

按【PM.MGR】键 PMCMNT PMCLAD PMCCNF PM.MGR（操作） 进入 CNC 管理器画面，如

图 3-2-21 所示。

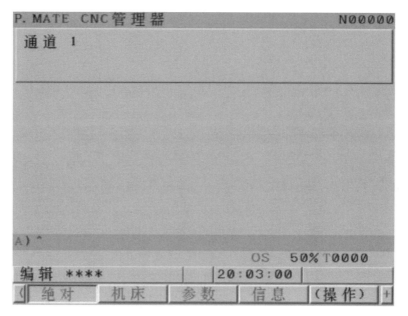

图 3-2-21　CNC 管理器画面

退出时按【POS】键即可返回到坐标显示画面。

任务实施

1. 地址设定

信号地址设定在位地址中。信号地址最多可设定 32 个。

1）执行跟踪

设定跟踪参数后，在跟踪画面按下"操作"键并按下"启动"键，开始跟踪。

2）跟踪停止

满足跟踪停止条件时，停止跟踪。

另外，按下"停止"键也会停止跟踪。

跟踪停止后，确认跟踪结果。

"周期"方式、"信号变化"方式的执行结果，如图 3-2-22 所示。

对跟踪结果画面可进行如下操作。

（1）显示滚动：

① 上下移动光标键、翻页键，上下滚动所设定的采样信号地址。

②"<<前页""下页>>"键、光标左右移动键，左右滚动跟踪结果的图形显示。

（2）选择范围的自动计算显示：

按"标记"键，标出此时的光标位置。在上方显示标记位置与当前光标之间的时间。

解除光标"标记位置"时，可再次按"标记"键，如图 3-2-23 所示。

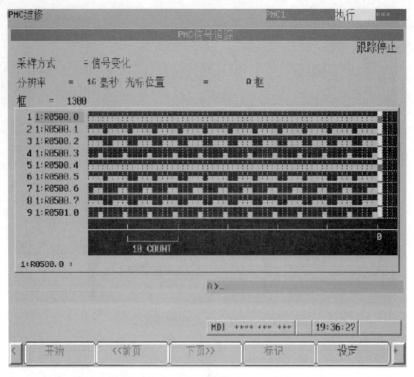

图 3-2-22 信号跟踪结果画面（"信号变化"方式）

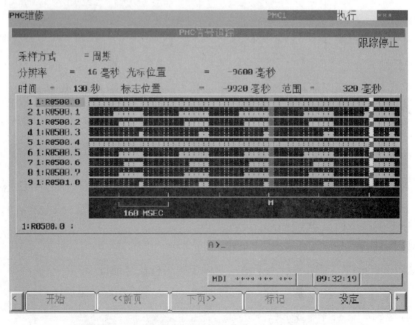

图 3-2-23 信号跟踪结果画面（标记光标显示）

（3）跟踪结果数据的放大/缩小显示：

可通过"扩大""缩小"键放大或缩小显示图形，如图 3-2-24 所示。

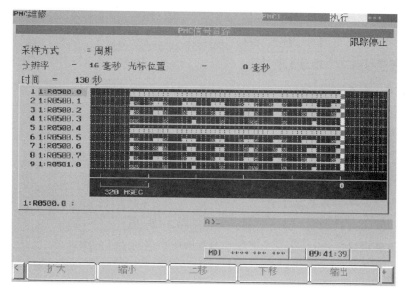

图 3-2-24 信号跟踪结果画面（"缩小"显示）

（4）显示数据位置的调换：

按下"上移"键，使光标上的地址和该地址的跟踪结果显示与上一行调换。

按下"下移"键，则与下一行调换。

自动跟踪的开始设定：

跟踪启动＝手动/自动（接通电源后，自动开始跟踪）

2. PMC 梯图（PMCLAD）画面（见图 3-2-25）

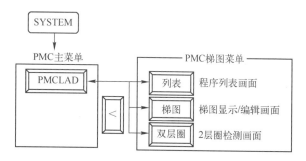

图 3-2-25 PMC 梯图画面显示操作

1）显示程序列表（"列表"画面）

（1）画面配置：

① 画面左侧显示程序列表，其右侧显示当前程序列表的光标所指向的程序的梯图。

② 信息显示行，根据不同的情形显示错误信息和提示类信息等。

（2）一览表显示区：

① "SP 列区"中显示子程序的信息和程序类别。

（锁）：不可参照、不可编辑（所有程序）。

（放大镜）：可参照、不可编辑、梯图程序。

（铅笔）：可参照、可编辑、梯图程序。

② 🖶 "程序号码区"中显示程序名。

🔍程序名有下列4类。

🔧选择：表示选择监控功能。

全部：表示所有程序。

级 n （$n=1$，2，3）：表示梯图级别1、2、3。

P_m （$m=$ 子程序号）：表示子程序。

③"大小区"以字节为单位显示程序大小。

2）显示梯图运行状态（"梯图"画面）（见图3-2-26）

显示触点和线圈的通/断状态、功能指令参数中所指定的地址的内容。

可以进行如下操作：

① 切换显示子程序——"列表"。

② 搜索地址——"搜索"。

③ 显示功能指令的数据表——"表"。

④ 移动到选择监控画面——"转换"。

⑤ 强制输入/输出功能（强制方式）。

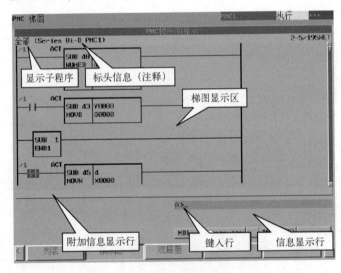

图3-2-26　PMC梯图画面运行状态

梯图显示画面主要键如图3-2-27所示。

3）编辑梯图

在梯图显示画面上按下"编辑"键，进入梯图编辑画面，可以编辑梯图程序。

① 以网为单位删除："删除"。

② 以网为单位移动："剪切"＆"粘贴"。

③ 以网为单位复制："复制"＆"粘贴"。

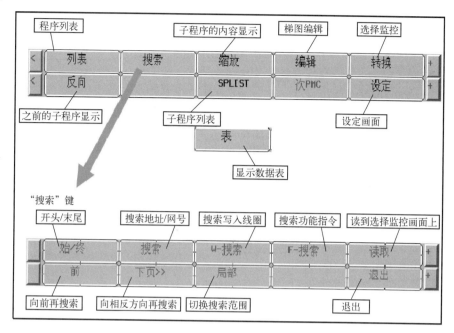

图 3-2-27　PMC 梯图显示画面主要软键

④ 改变触点和线圈的地址。

⑤ 改变功能指令参数。

⑥ 追加新网："产生"。

⑦ 改变网的形状："缩放"。

⑧ 反映编辑结果："更新"。

⑨ 恢复到编辑前的状态："恢复"。

⑩ 取消编辑："取消"。

梯图编辑画面的键如图 3-2-28 所示。

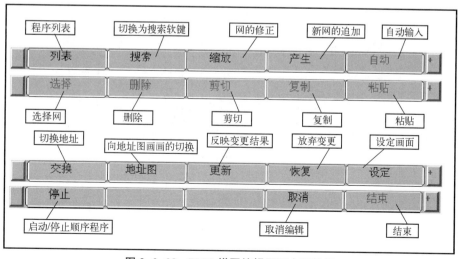

图 3-2-28　PMC 梯图编辑画面主要软键

3. PMC 配置（PMCCNF）画面（见图 3-2-29）

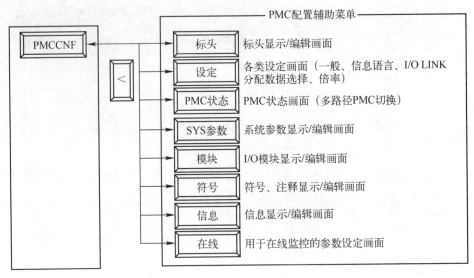

图 3-2-29　PMC 配置画面

按下"标头"键的画面如图 3-2-30 所示。

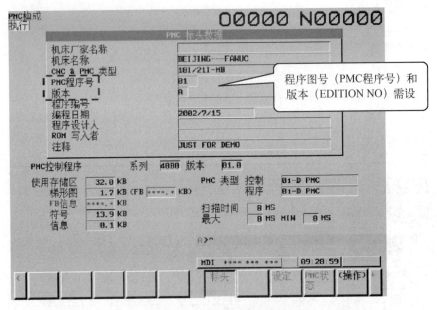

图 3-2-30　PMC 出厂信息

按下"设定"键，画面的第 1 页如图 3-2-31 所示。

按下"设定"键，画面的第 2 页如图 3-2-32 所示。

按下"设定"键的画面，按下【PAGE】键，如图 3-2-33 所示。

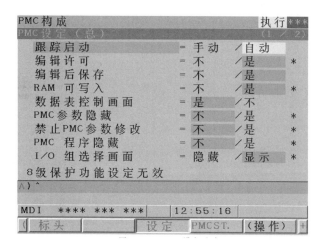

图 3-2-31　PMC 设定画面第 1 页

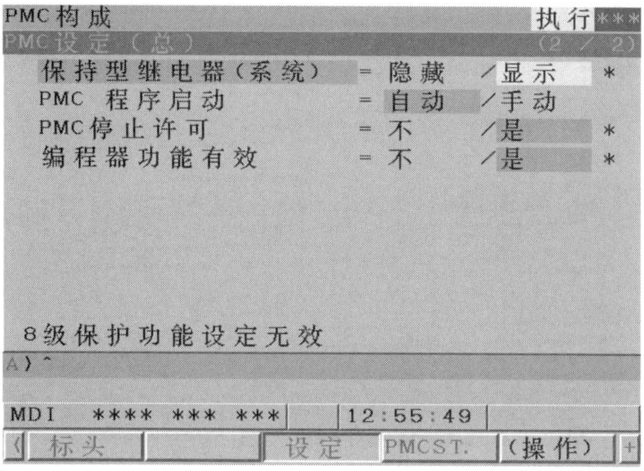

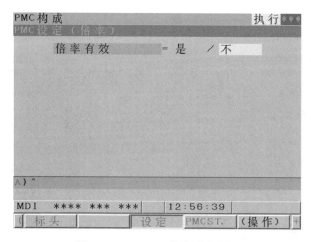

图 3-2-32　PMC 设定画面第 2 页

图 3-2-33　PMC 倍率设定画面

按下"PMCST"键的画面如图 3-2-34 所示。

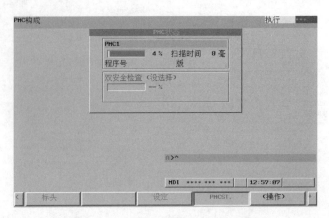

图 3-2-34　PMC 运行状态检测画面

按下"模块"键的画面如图 3-2-35 所示。

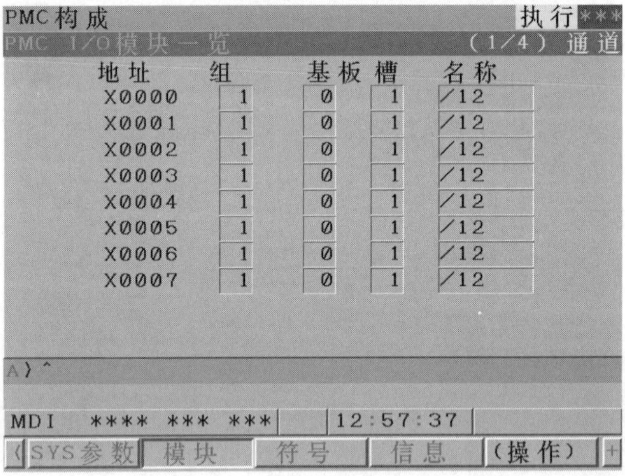

地 址	组	基板	槽	名 称
X0000	1	0	1	／12
X0001	1	0	1	／12
X0002	1	0	1	／12
X0003	1	0	1	／12
X0004	1	0	1	／12
X0005	1	0	1	／12
X0006	1	0	1	／12
X0007	1	0	1	／12

图 3-2-35　PMC I/O 模块设定画面

按下"符号"键的画面如图 3-2-36 所示。

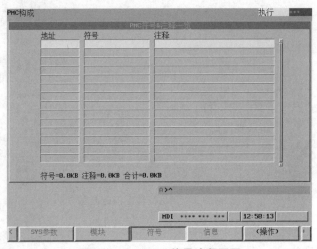

图 3-2-36　PMC 信号注释画面

按下"信息"键的画面如图 3-2-37 所示。

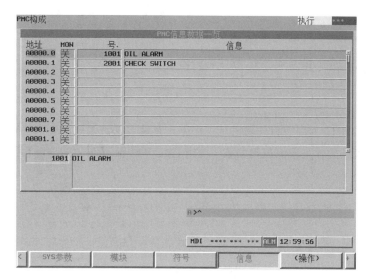

图 3-2-37 PMC 信息数据一览

按下"在线"键的画面如图 3-2-38 所示。

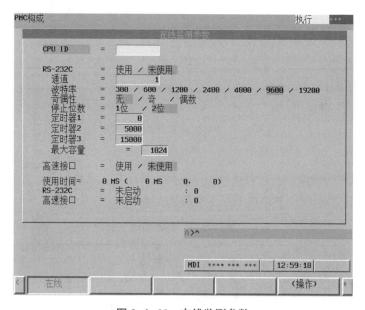

图 3-2-38 在线监测参数

任务 3.3 FANUC PMC 工作方式控制程序编制

知识点：

● PMC 常用指令。

● 工作方式程序编制。

任务描述

根据给定的工作方式（回零、自动、手动、编辑、MDI、手轮、快速）各个键的地址，在数控维修实训台上完成工作方式 PMC 程序的调试。

任务分析

编制工作方式 PMC 程序，首先要清楚工作方式完成的逻辑关系，有哪些输入信号，有哪些输出信号，根据工作方式完成的逻辑关系，画出 PMC 程序流程图，根据流程图编制程序，然后进行调试，优化程序。

相关知识

FANUC 系统 PMC 有两种指令：基本指令和功能指令。当设计顺序程序时，使用最多的是基本指令，功能指令用于机床特殊功能的编程。

在基本指令和功能指令执行中，用一个堆栈寄存器暂存逻辑操作的中间结果，堆栈寄存器有 9 位（见图 3-3-1），按先进后出、后进先出的原理工作。当操作结果入栈时，堆栈各原状态全部左移一位；相反地取出操作结果时堆栈全部右移一位，最后压入的信号首先恢复读出。

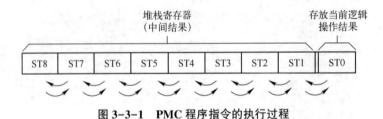

图 3-3-1　PMC 程序指令的执行过程

1. 基本指令

基本指令是最常用的指令，它们执行一位运算，只是对二进制位进行与、或、非的逻辑操作。PMC-SA3 型号具有 14 个基本指令，其格式和功能如表 3-3-1 所示。

表 3-3-1　基本指令

序　号	指　令		功　能
	格式 1（代码）	格式 2（FAPT LADDER 键操作）	
1	RD	R	读入指定的信号状态并设置在 ST0 中
2	RD. NOT	RN	将读入的指定信号的逻辑状态取非后设到 ST0
3	WRT	W	将逻辑运算结果（ST0 的状态）输出到指定的地址
4	WRT. NOT	WN	将逻辑运算结果（ST0 的状态）取非后输出到指定的地址
5	AND	A	逻辑与
6	AND. NOT	AN	将指定的信号状态取非后逻辑与
7	OR	O	逻辑或
8	OR. NOT	ON	将指定的信号状态取非后逻辑或

序　号	指　令		功　能
	格式 1（代码）	格式 2（FAPT LADDER 键操作）	
9	RD. STK	RS	将寄存器的内容左移 1 位，把指定地址的信号状态设到 ST0
10	RD. NOT. STK	RNS	将寄存器的内容左移 1 位，把指定地址的信号状态取非后设到 ST0
11	AND. STK	AS	ST0 与 ST1 逻辑与后，堆栈寄存器右移一位
12	OR. STK	OS	ST0 与 ST1 逻辑或后，堆栈寄存器右移一位
13	SET	SET	ST0 和指定地址中的信号逻辑或后，将结果返回到指定的地址中
14	RST	RST	ST0 的状态取反后和指定地址中的信号逻辑与，将结果返回到指定的地址中

综合基本指令的例子，来说明梯图和指令代码的应用，此例子用到 12 条基本指令。图 3-3-2 是梯图的例子，表 3-3-2 是针对图 3-3-2 梯图用编程器输入的 PMC 程序编码。

表 3-3-2　综合基本指令

序号	指　令	地址号位数	备　注	运算结果		
				ST2	ST1	ST0
1	RD	1	A			A
2	AND. NOT	1.1	B			$A \cdot \bar{B}$
3	RD. NOT. STK	1.4	C		$A \cdot \bar{B}$	$\bar{C}$
4	AND. NOT	1.5	D		$A \cdot \bar{B}$	$\bar{C} \cdot \bar{D}$
5	OR. STK					$A \cdot \bar{B} + \bar{C} \cdot \bar{D}$
6	RD. STK	1.2	E		$A \cdot \bar{B} + \bar{C} \cdot \bar{D}$	E
7	AND	1.3	F		$A \cdot \bar{B} + \bar{C} \cdot \bar{D}$	$E \cdot F$
8	RD. STK	1.6	G	$A \cdot \bar{B} + \bar{C} \cdot \bar{D}$	$E \cdot F$	G
9	AND. NOT	1.7	H	$A \cdot \bar{B} + \bar{C} \cdot \bar{D}$	$E \cdot F$	$G \cdot \bar{H}$
10	OR. STK				$A \cdot \bar{B} + \bar{C} \cdot \bar{D}$	$E \cdot F + G \cdot \bar{H}$
11	AND. STK					$(A \cdot \bar{B} + \bar{C} \cdot \bar{D}) \cdot (E \cdot F + G \cdot \bar{H})$
12	WRT	15.0	R1			$(A \cdot \bar{B} + \bar{C} \cdot \bar{D}) \cdot (E \cdot F + G \cdot \bar{H})$
13	WRT. NOT	15.1	R2			$\overline{(A \cdot \bar{B} + \bar{C} \cdot \bar{D}) \cdot (E \cdot F + G \cdot \bar{H})}$
14	RD. NOT	2	I			$\bar{I}$
15	OR	2.1	J			$\bar{I} + J$
16	OR. NOT	2.2	K			$\bar{I} + J + \bar{K}$
17	WRT	15.2	R3			$\bar{I} + J + \bar{K}$

2. 功能指令

0i 系统 PMC-SA1/SA3 的功能指令、种类和处理过程如下：

1）功能指令的格式

功能指令不能用继电器符号表示，必须采用梯图的格式。格式包括：控制条件、指令、参数和输出。功能指令通用格式如图3-3-3所示。

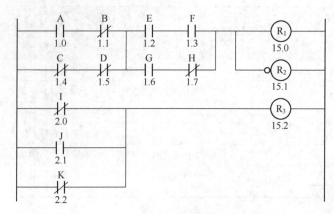

图 3-3-2　梯图举例

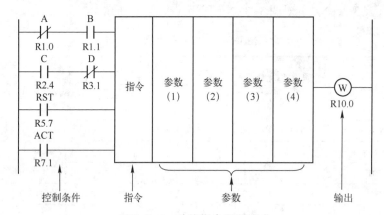

图 3-3-3　功能指令通用格式

指令格式中各部分内容说明如下。

（1）控制条件：每条功能指令控制条件的数量和含义各不相同，控制条件存在于堆栈寄存器中，控制条件以及指令、参数和输出（W）必须无一遗漏地按固定的编码顺序编写。

（2）指令：指令有用于梯图、穿孔带、编程机等多种格式。

（3）参数：与基本指令不同，功能指令可处理数据。

（4）输出 W：功能指令操作结果用逻辑"0"或"1"状态输出，地址由编程者任意指定。

功能指令处理的数据为二进制表示的十进制代码（BCD）或二进制代码（BIN）。功能指令中所处理数据为2字节或4字节时，功能指令参数中给出的地址最好为偶地址，以便减小一些功能指令的执行时间。

2）部分功能指令说明

（1）顺序结束指令（END1，END2）：

END1 为高级顺序结束指令；END2 为低级顺序结束指令。

其中 $i=1$ 或 2，分别表示高级和低级顺序结束指令。

END1 在顺序程序中必须指定一次，其位置在高级顺序的末尾，当无高级顺序程序时，则在低级顺序程序的开头指定。END2 在低级顺序程序末尾指定。结束指令格式如图 3-3-4 所示。

图 3-3-4 结束指令格式

表 3-3-3 所示为图 3-3-4 相对应的功能指令的编码和运行结果。

表 3-3-3 编码表及运行结果状态

编 码 表				运行结果状态			
号	指 令	地 址 号	说 明	ST3	ST2	ST1	ST0
1	RD	R1. 0	A				$\overline{A}$
2	AND	R1. 1	B				$\overline{A} \cdot B$
3	RD. STK	R2. 4	C			$\overline{A} \cdot B$	C
4	AND. NOT	R3. 1	D			$\overline{A} \cdot B$	$C \cdot \overline{D}$
5	RD. STK	R5. 7	RST		$\overline{A} \cdot B$	$C \cdot \overline{D}$	RST
6	RD. STK	R7. 1	ACT	$\overline{A} \cdot B$	$C \cdot D$	RST	ACT
7	SUB	○○	指令	$\overline{A} \cdot B$	$C \cdot D$	RST	ACT
8	(PRM) (Note2)	○○○○	参数 1	$\overline{A} \cdot B$	$C \cdot D$	RST	ACT
9	(PRM)	○○○○	参数 2	$\overline{A} \cdot B$	$C \cdot D$	RST	ACT
10	(PRM)	○○○○	参数 3	$\overline{A} \cdot B$	$C \cdot D$	RST	ACT
11	(PRM)	○○○○	参数 4	$\overline{A} \cdot B$	$C \cdot D$	RST	ACT
12	WRT	R10. 0	W1 输出	$\overline{A} \cdot B$	$C \cdot D$	RST	ACT

（2）定时器指令 TMR：

TMR 指令格式如图 3-3-5 所示。

功能：继电器延时导通。

控制条件：ACT=0 时，关闭定时继电器；ACT=1 时，定时继电器开始延时，当到达预先设定的值时，输出 W=1。

参数：定时器号为 1 ～ 8 号，定时单位为 48 ms；定时器号为 9 ～ 40 号，定时单位为 8 ms，通过 CRT/MDI 设定时间。

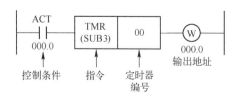

图 3-3-5 TMR 指令格式

（3）固定定时器指令 TMRB：

TMRB 指令格式如图 3-3-6 所示。

功能：继电器延时导通。本指令的固定定时器的时间与顺序程序一起写入 ROM 中，因此，一旦写入就不能更改。用于如机床换刀的动作时间、机床自动润滑时间控制等。

控制条件：ACT=0 时，关闭定时继电器；ACT=1 时，定时继电器开始延时。到达预先设定的值时，输出 W=1。

参数：定时器号为 1～100 号，定时单位为 8 ms。

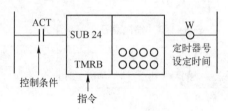

图 3-3-6　TMRB 指令格式

（4）计数器指令 CTR：

CTR 指令格式如图 3-3-7 所示。

功能：每接收一个计数信号计数器加 1 或减 1，当计数器到达预置值时（等于 0 或 1），输出 W。用于实现自动计数加工工件的件数、分度工作台的自动分度控制、加工中心换刀自动检测控制等。

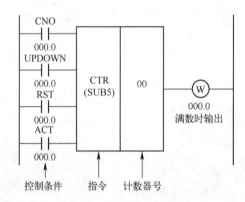

图 3-3-7　CTR 指令格式

控制条件：

① 指定初始值 CN0：CN0=0，计数器由 0 开始计数；CN0=1，计数器由 1 开始计数。

② 指定上升下降型计数器 UPDOWN：UPDOWN=0，为加法计数器；UPDOWN=1，为减法计数器。

③ 复位 RST：RST=0，解除复位；RST=1，计数值复位为初始值。

④ 控制条件：ACT=0 时，计数器不执行；ACT=1 时，从 0 变 1 的上升沿计数。

参数：计数器号为 1 至 20。每个计数器需占用连续的 4 字节空间，预置值和累计值均为压缩型 BCD 码，它们各占 2 字节。所以计数器的计数范围为 0～9 999。

满数时输出：计数器计数到预定值，输出 W＝1。

（5）译码指令 DEC：

DEC 指令格式如图 3-3-8 所示。

功能：当两个 BCD 码与给定数值一致时输出继电器导通，输出为 1。该指令常用于机床的 M 指令或 T 指令译码。

控制条件：ACT＝0 时，关闭译码输出结果；ACT＝1 时，进行译码。即当给定数值与 BCD 代码信号一致时，输出 W＝1。

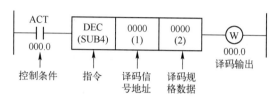

图 3-3-8　DEC 指令格式

参数：

① 译码信号地址：指定包含两个 BCD 代码信号的地址。

② 译码规格数据：由译码数值和译码位数两部分组成。译码数值指定译出的译码数值，要求是两位数，例如，M03 的译码值为 03。译码位数为 01 时只译低位数，高位数为 0；为 10 时只译高位数，低位数为 0；为 11 时高低两位均译码。

（6）逻辑乘数据传送指令 MOVE：

MOVE 指令格式如图 3-3-9 所示。

功能：使比较数据和处理数据进行逻辑乘数运算，并将结果传送至指定地址。

控制条件：当 ACT＝1 时，执行 MOVE 指令，否则不执行。

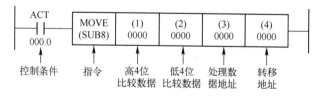

图 3-3-9　MOVE 指令格式

参数：

① 高 4 位与低 4 位比较数据共同组成一个逻辑乘运算的数据。

② 处理数据地址：指定参与逻辑运算的数据地址。

③ 转移地址：指定运算结果的转移地址。

（7）旋转控制指令 ROT：ROT 指令格式如图 3-3-10 所示。

功能：用于回转控制，如刀架、自动刀具交换器、旋转工作台等。具体如下：

① 选择最短路径的回转方向。

② 计算由当前位置到目标位置的步数。

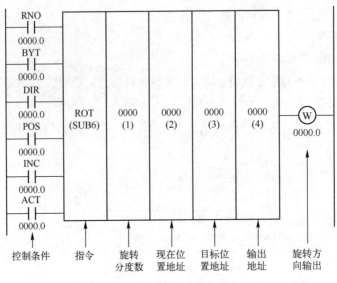

图 3-3-10　ROT 指令格式

③ 计算目标前一位置的位置或到目标位置前一位置的步数。

控制条件：

① RN0 指定转台的起始号：当 RN0 = 0 时，转台的起始位置号从 0 开始；当 RN0 = 1 时，转台的起始位置号从 1 开始。

② BYT 指定要处理数据的位数：当 BYT = 0 时，两位 BCD 代码；当 BYT = 1 时，四位 BCD 代码。

③ DIR 指定是否由最短路径选择旋转方向：当 DIR = 0 时，旋转方向不选择，仅为转台号增加的方向；当 DIR = 1 时，旋转方向根据现在位置距目标位置最短路径的方向来选择。

④ POS 指定操作条件：当 POS = 0 时，计算现在位置与目标之间的位置；当 POS = 1 时，计算现在位置与目标前一位置之间的位置。

⑤ INC 指定位置数/步数：当 INC = 0 时，计算目标的位置数；当 INC = 1 时，计算到达目标的步数。

⑥ ACT 执行指令：当 ACT = 0 时，不执行 ROT 指令；当 ACT = 1 时，执行 ROT 指令。

参数：

① 旋转分度数：指定旋转体旋转一周分度的位置数。

② 现在位置地址：指定存储现在位置的地址。

③ 目标位置地址：指定存储目标位置的地址。例如，数控系统输出的 T 代码。

④ 输出地址：指定计算目标位置的步数或目标位置前一相邻位置的地址。

旋转方向输出：当输出 W = 0 时为正方向；当输出 W = 1 时为反方向。

（8）比较指令 COMP：

COMP 指令格式如图 3-3-11 所示。

功能：输入值与基准数值进行比较，并将比较结果输出。

控制条件：

① BYT 指定数据大小：当 BYT = 0 时，处理数据（输入值和比较值）为两位 BCD；当 BYT =1 时，处理数据（输入值和比较值）为四位 BCD。

② ACT 执行指令：当 ACT = 0 时，不执行 COMP 指令，输出不变；当 ACT = 1 时，执行 COMP 指令，输出结果。

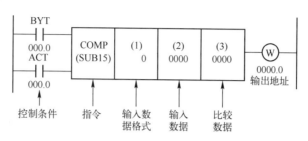

图 3-3-11　COMP 指令格式

参数：

① 输入数据格式：为 0 时表示指定输入数据是常数；为 1 时表示指定的是存放输入数据的地址。

② 输入数据：参与比较的基准数据或存放基准数据的地址。

③ 比较数据：指定存放比较数据的地址。

比较结果输出：当基准数据大于比较数据时，输出 W = 0；当基准数据小于或等于比较数据时，输出继电器导通，输出 W = 1。

（9）一致性检测指令 COIN：

COIN 指令格式如图 3-3-12 所示。

功能：检测输入值与比较值是否一致，该指令只适用于 BCD 码数据。用于检查刀库、转台等旋转体是否达到目标位置。

控制条件：

① BYT 指定数据大小：当 BYT=0 时，处理数据（输入值和比较值）为两位 BCD 代码；当 BYT=1 时，处理数据（输入值和比较值）为四位 BCD 代码。

② ACT 执行指令：当 ACT=0 时，不执行 COIN 指令，输出不变；当 ACT=1 时，执行 COIN 指令，输出结果。

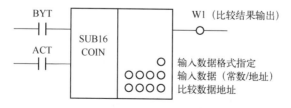

图 3-3-12　COIN 指令格式

参数：

① 输入数据形式：为 0 时表示指定输入数据是常数；为 1 时表示指定的是存放输入数据的

地址。

② 输入数据：参与比较的基准数据或存放基准数据的地址。

③ 比较数据：指定存放比较数据的地址。

比较结果输出：当基准数据不等于比较数据时，输出 W = 0；当基准数据等于比较数据时，输出 W = 1。

（10）常数定义指令 NUME：NUME 指令格式如图 3-3-13 所示。

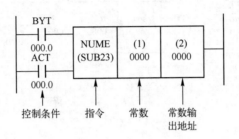

图 3-3-13　NUME 指令格式

功能：定义常数，实现数控机床自动换刀的实际刀号定义，或采用附加伺服轴（PMC 轴）控制的换刀装置数据等控制。

控制条件：

① BYT 指定数据大小：当 BYT = 0 时，常数为两位 BCD 代码；当 BYT = 1 时，常数为四位 BCD 代码。

② ACT 执行指令：当 ACT = 0 时，不执行 NUME 指令；当 ACT = 1 时，执行 NUME 指令。

参数：

① 常数：指定常数。

② 常数输出地址：指定常数的输出地址

（11）信息显示指令 DISPB：

DISPB 指令格式如图 3-3-14 所示。

功能：用于在系统显示装置（CRT 或 LCD）上显示外部信息，机床厂家根据机床的具体工作情况编制机床报警号及信息显示。

控制条件：

信息显示条件：当 ACT = 0 时，系统不显示任何信息；当 ACT = 1 时，依据各信息显示请求地址位（如 A0 ~ A24）的状态，显示信息数据表中设定的信息，每条信息最多为 255 个字符。

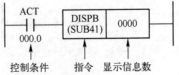

图 3-3-14　DISPB 指令格式

参数：

显示信息数：设定显示信息的个数。信息显示功能指令的编制方法如下。

① 编制信息显示请求地址：从信息继电器地址 A0 ～ A24 中编制信息显示请求位，每位都对应一条信息。

② 编制信息数据表：信息数据表中每条信息数据内容包括信息号和该信息号的信息两部分。

表 3-3-4 为某数控机床报警信息数据表；图 3-3-15 为该机床报警信息显示的 PMC 梯图。

表 3-3-4　机床报警信息表

信　息　号	信　息　数　据
A0.1	1001 EMERGENCY STOP!
A0.2	1002 DOOR NEED CLOSE!
A0.3	1003 TOOL LIFE EXHAUST!
A0.4	2000 PLEASE CHECK GEAR LUBE OIL LEVEL!

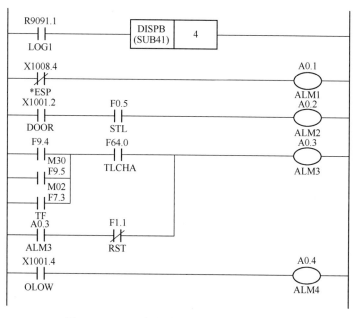

图 3-3-15　机床报警信息显示的 PMC 梯图

任务实施

1. 根据给定的工作方式按键地址（见表 3-3-5）。

表 3-3-5　MKS-01-/C/DX 地址表

CB104						CB107					
A			B			A			B		
脚号	地址	名　称	脚号	地址	名　称	脚号	地址	名　称	脚号	地址	名　称
1	0 V	0 V	1	24 V	24 V	1	0 V	0 V	1	24 V	24 V
2	X0.0	循环启动	2	X0.1	进给保持	2	X7.0	单段	2	X7.1	空运行
3	X0.2	主轴正转	3	X0.3	主轴停止	3	X7.2	段跳	3	X7.3	机床锁住
4	X0.4	主轴反转	4	X0.5	-X	4	X7.4	选择停	4	X7.5	回零
5	X0.6	-Z	5	X0.7	快速	5	X7.6	冷却	5	X7.7	照明
6	X1.0	+Z	6	X1.1	-X	6	X10.0	DNC	6	X10.1	主轴减少
7	X1.2	方式选择 A	7	X1.3	方式选择 F	7	X10.2	主轴 100%	7	X10.3	主轴增加
8	X1.4	方式选择 B	8	X1.5	进给倍率 A	8	X10.4	×1 F0	8	X10.5	X10.25
9	X1.6	进给倍率 F	9	X1.7	进给倍率 5	9	X10.6	×100 50	9	X10.7	100%
10	X2.0	进给倍率 E	10	X2.1	进给倍率 C	10	X11.0	辅助 1	10	X11.1	复位
11	X2.2	引出至端子	11	X2.3	程序保护	11	X11.2	手轮 X 轴	11	X11.3	手轮 Z 轴
12	X2.4	引出至端子	12	X2.5	引出至端子	12	X11.4	手轮 X * 1	12	X11.5	手轮 X * 100
13	X2.6	引出至端子	13	X2.7	引出至端子	13	X11.6	引出至端子	13	X11.7	引出至端子
14		0 V	14		0 V	14		0 V	14		0 V
15			15			15			15		手轮 Z 轴
16	Y0.0	循环启动灯	16	Y0.1	进给保持灯	16	Y6.0	单段灯	16	Y6.1	空运行灯
17	Y0.2	主轴正转灯	17	Y0.3	主轴停止灯	17	Y6.2	段跳灯	17	Y6.3	机床锁住灯
18	Y0.4	主轴反转灯	18	Y0.5	+X 灯	18	Y6.4	选择停灯	18	Y6.5	回零灯
19	Y0.6	-Z 灯	19	Y0.7	快速灯	19	Y6.6	冷却灯	19	Y6.7	照明灯
20	Y1.0	+Z 灯	20	Y1.1	-X 灯	20	Y7.0	DNC 灯	20	Y7.1	主轴减少灯
21	Y1.2	×1 F0 灯	21	Y1.3	×10 25 灯	21	Y7.2	主轴 100% 灯	21	Y7.3	主轴增加灯
22	Y1.4	×100 50 灯	22	Y1.5	100% 灯	22	Y7.4	X 零点灯	22	Y7.5	Z 零点灯
23	Y1.6	辅助 1 灯	23	Y1.7	复位灯	23	Y7.6	引出至端子	23	Y7.7	引出至端子
24	DOCOM	E24V	24	DOCOM	E24V	24	DOCOM	E24V	24	DOCOM	E24V
25	DOCOM	E24V	25	DOCOM	E24V	25	DOCOM	E24V	25	DOCOM	E24V

（1）分组讨论完成工作方式 PMC 动作流程图。

（2）尝试编制数控维修台机床操作面板工作方式的 PMC 程序。

2. 将以上程序输入至数控机床，并进行调试。

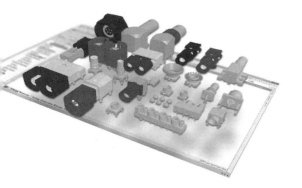

项目四
FANUC 系统参数的设置

任务4. 1　参数的认知及参数设置的基本方法

知识点：

- FANUC 系统参数设定画面。
- 参数号和参数值的含义。
- 参数设定的基本方法。
- 工作方式程序编制。

任务描述

在数控维修实训台上完成参数的查找、修改、设置。以查找设置具体参数为任务来学习掌握参数设置的基本方法，并认识常用的参数。

任务分析

各种不同类型的数控系统，参数的意义也会不同，主要有与数控系统功能有关的参数和用户参数。与数控系统功能有关的参数是数控装置生产厂家根据用户对系统功能的要求设定的，其中有部分参数有较高级别的密码保护，用户不能轻易修改，否则会丢失某些功能。用户参数是供用户在使用机床时自行设置的参数，可随时根据机床使用的情况进行调整，包括与机械有关的参数，如各坐标轴的反向间隙补偿量等，与伺服系统有关的参数，如位置增益等，与外设有关的参数，如波特率等，还有 PLC 参数，设置 PLC 中允许用户修改的定时、计时、计数、刀具号和 PLC 中的一些控制功能的参数。

数控系统参数是以数据的形式保存在数控装置内具有掉电保护功能的存储区域里，系统参数可以显示在显示器上以人机交互的方式设置、调整。

相关知识

1. 参数分类

按数据类型参数可分为位型、位轴型、字节型、字节轴型、字型、字轴型、双字型、双字轴型等，如表4-1-1所示。

表4-1-1　数据类型

数据类型	有效数据范围	备注
位型	0或1	—
位轴型		
字节型	−128～127	在一些参数中不使用符号
字节轴型	0～255	
字型	−32 768～32 767	在一些参数中不使用符号
字轴型	0～65 535	
双字型	−99 999 999～99 999 999	—
双字轴型		

例如，位型和位轴型参数的意义如下：

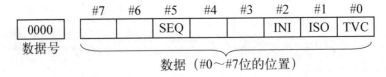

2. 设定参数

有效地写入参数的意义：防止错误地修改参数，设置了简单的钥匙。

（1）CNC参数写入步骤如下：

① 置于MDI方式，或急停状态。

注释：确认CNC画面下的运转方式显示为"MDI"，或在画面中央下方，"EMG"在闪烁（Power Mate i-D/H灯亮）。在系统启动时，如没有装入顺序程序，将自动变成该状态，如图4-1-1所示。

修改参数应在急停状态下进行…

调机时，可能会频繁修改伺服参数等。为安全起见，应在急停状态下进行参数的设定（修改）。

另外，在设定参数后对机床的动作进行确认时，应有所准备，以便能迅速按急停按钮。

图4-1-1　急停状态

② 按几次 OFFSET SETTING 键，显示设定（SETTING）画面，如图4-1-2所示。

③ 把光标移到"参数写入"（PARAMETER WRITR）项上，按 1 INPUT 顺序按键。

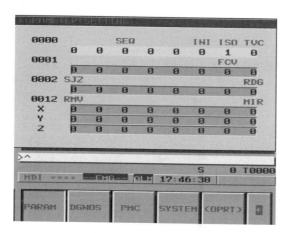

图 4-1-2　设置显示画面

注意：

- 发生 100 号报警后变为报警画面。

- 把参数 3111#7（NPA）设为 1，使发生报警时也不会切换成报警画面。通常，发生的报警必须让操作者知道，因此上述参数应设成 0。

- 在解除急停（运转准备）状态，同时按 CAN 和 RESET 时，可解除 100 号报警。

（2）用 MDI 输入参数：

① 按几次 SYSTEM 键，选择参数画面，如图 4-1-3 所示。

图 4-1-3　参数画面

② 输入参数号，按 SEARCH （检索）键，然后移动光标。

提示： 也可按 PAGE （翻页）键和 CURSOR （光标）键移动光标。

③ 用下面的操作设定 CNC 参数。

把光标位置置 1	ON:1	位型参数时
把光标位置置 0	OFF:0	
把输入的值加到原来的值上	参数值 +INPUT	
输入新参数值	参数值 INPUT	

提示：位型参数时，按光标 ⬅、➡ 键，可把光标挪动 1 位。

📠 任务实施

在实训设备上进行参数的查找。

（1）按下【SYSTEM】键，出现参数画面，如图 4-1-4 所示。

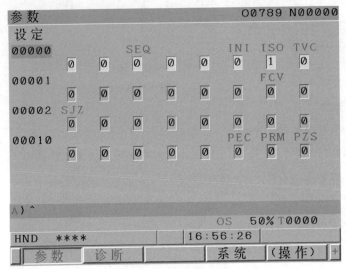

图 4-1-4　参数画面

（2）输入需要查找的参数号，按【号搜索】键，如图 4-1-5 所示。

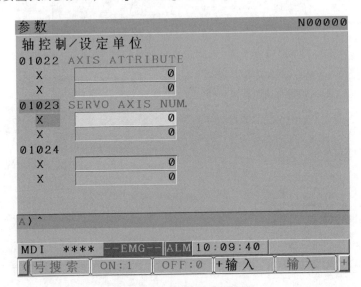

图 4-1-5　轴控制设定画面

（3）查询参数号，填入表 4-1-2 中。

表 4-1-2　参数

参数号	参数值	参数（数据类型）	备　注
0103			
1020			
1320			
1321			
2022			
1423			
3102			

任务 4.2　FANUC 参数调试

知识点：

- FANUC 数控系统参数的分类。
- 参数全清操作。

任务描述

在数控维修实训台上通过参数全清操作，记录参数全清后产生的报警，以消除报警为任务实现参数设置的目的。

任务分析

认识参数，懂得参数对数控机床的重要意义，关键还在于如何设置参数。通常情况下，机床在调试时，需要进行参数全清操作，使参数恢复出厂设置，然后根据数控机床工作及性能要求，进行参数设置。

相关知识

FANUC 0i-D/0i Mate-D 数控系统参数的类型可按照数控系统参数控制功能分为以下几方面：

1. 有关设定 SETTING 的参数

（1）0020：通道选择，等于 0 或 1 时，选择通道 JD5A（JD36A）；等于 2 时，选择通道 JD5B（JD36B）。

（2）0101#0：设 0 停止位为 1 位，设 1 停止位为 2 位。

（3）0102：设 0 选择 RS232C 接口，设 4 为存储卡。

（4）0103：波特率，设 11 为 9 600 bit/s，12 为 19 200 bit/s。

2. 有关轴控制/设定单位的参数

（1）1001#0：设 0 为公制，设 1 为英制。

（2）1006#3：各轴移动量是直径还是半径，车床 X 轴设 1 为直径。

（3）1020：各轴的程序名称（见表 4-2-1）。

表 4-2-1　参数 1020 的轴名称及设定值

轴名称	X	Y	Z	A	B	C	U	V	W
设定值	88	89	90	65	66	67	85	86	87

（4）1022：各轴在坐标系中的关系（见表 4-2-2）。

表 4-2-2　参数 1022 的设定值及意义

设　定　值	意　　义
0	即不是 3 个基本轴，也不是平行轴
1	3 个基本轴的 X 轴
2	3 个基本轴的 Y 轴
3	3 个基本轴的 Z 轴
5	X 轴的平行轴
6	Y 轴的平行轴
7	Z 轴的平行轴

（5）1023：表示数控机床各轴的伺服轴号，也可以称为轴的连接顺序，一般设置为 1，2，3，设定各控制轴为对应的第几号伺服轴，设置-128 屏蔽该伺服轴。

3. 有关行程极限的参数

（1）1320：各轴正方向软限位坐标值。

（2）1321：各轴负方向软限位坐标值。

4. 有关进给速度的参数

（1）1423：各轴手动 JOG 速度。

（2）1424：各轴手动快速进给速度。

（3）1425：各轴回参考点时，压到减速开关后的速度。

（4）1430：各轴最大切削进给速度。

5. 有关伺服的参数

（1）1815#1：设为 0 不使用分离型脉冲编码器；设为 1 使用分离型脉冲编码器。

（2）1815#5：设为 0 不使用绝对位置检测器；设 1 使用绝对位置检测器。

（3）1825：各轴的伺服环增益。增益越大，位置控制响应越快，但如果太大，会使伺服系统不稳定。

（4）1828：设定各轴移动中的最大允许位置偏差量。

（5）1829：设定各轴停止时的最大允许位置偏差量。

（6）1850：设定各轴在返参时的栅格偏移量（即参考点偏移量）。

（7）1851：设定各轴的反向间隙补偿量。

（8）2020：设定电动机 ID 号。

（9）2022：电动机旋转方向没有设定正确值（111 或－111）。

（10）2084 和 2085：柔性齿轮比。

6. 数控机床与 DI/DO 有关的参数

（1）3004#5：是否进行数控机床超程信号（硬限位）的检测，0 时检测硬限位，1 时不检测。

（2）3030：数控机床 M 代码的允许位数。该参数表示 M 代码后数字的位数，超出该设定出现报警。

（3）3031：数控机床 S 代码的允许位数。该参数表示 S 代码后数字的位数，超出该设定出现报警。例如：当 3031＝3 时，在程序中出现 S1000 即会产生报警。

（4）3032：数控机床 T 代码的允许位数。

7. 有关 CRT/MDI 的参数

（1）3105#2：设为 0 CRT 画面不显示主轴实际转速和 T 代码；设为 1 显示。

（2）3102：都设为 0 使用中文简体，3102#3 为 1 使用中文繁体，其他语言请查找参数。

（3）3111#0：设为 0 不显示伺服设定画面；设为 1 显示。

（4）3203#7：设为 0 用复位不清除 MDI 方式编制的程序；设为 1 清除。

（5）3216：自动插入顺序号时（参数号 0000#5，是否自动插入顺序段号），顺序号的增量值。

（6）3208#0：为 0 时 MDI 面板的功能键 SYSTEM 有效，为 1 时无效。

8. 有关编程的参数

（1）3401#0：设为 0 时坐标省略小数点，单位是微米；设为 1 时坐标省略小数点，单位是毫米。

（2）3402#0：设为 0 接通电源时为 G00 模态；设为 1 时为 G01 模态。

（3）3402#1#2：都设为 0 接通电源时为 G17 模态，设 3402#1 为 1 时为 G18 模态；设 3402#2 为 1 时为 G19 模态。

（4）3420#3：设为 0 接通电源时为 G90 模态，设为 1 为 G91 模态。

9. 有关主轴控制的参数

（1）3706#0#1：主轴的位置编码器齿轮比（见表 4-2-3）。

表 4-2-3　参数 3706#0#1 设置

倍　　率	#1	#0
X1	0	0
X2	0	1
X4	1	0
X8	1	1

（2）3706#6#7：设置 M03 和 M04 的 S 值的符号（见表 4-2-4）。

表 4-2-4　参数 3706#6#7 设置

#7	#6	电 压 极 性
0	0	M03，M04 都为正
0	1	M03，M04 都为负
1	0	M03 为正，M04 为负
1	1	M03 为负，M04 为正

（3）3722：主轴的上限速度。

任务实施

1. 参数全清

（1）上电时同时按 MDI 面板上的"RESET+DEL"键。

（2）出现 IPL 监控器画面及"IPL MENU"（即 IPL 菜单），如图 4-2-1 所示。

提示：对 IPL 监控器画面中部分菜单项的解释如下。

0：IPL 监控器的结束，选择此项，则结束 IPL 监控器，启动 CNC。

3：个别文件的清除，选择此项，则可清除个别文件。

5：系统报警信息的输出。

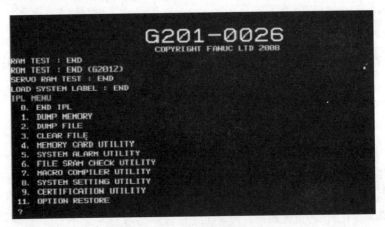

图 4-2-1　IPL 监控器画面

（3）从"IPL MENU"菜单中选择"3"，则出现图 4-2-2 所示画面。

在此画面中选择某项菜单，则将清除所选中的个别文件，进行格式化处理。

（4）在图 4-2-2 所示的菜单中选择要操作的项。如要清空系统参数，则键入"1"→按 INPUT 键。

（5）则显示器上会出现"CLEAR FILE OK？（NO=0，YES=1）"的提问；

（6）如果想清空参数则键入"1"；如果不想清空参数，则键入"0"，表示中止操作。

（7）若要继续清除其他文件，重复第③～⑤步骤的操作；

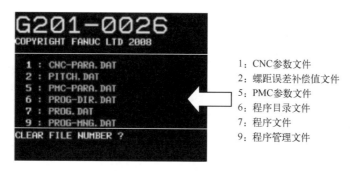

图 4-2-2　个别文件的清除画面

（8）若想结束操作并返回上一级菜单画面时，键入"0"即可。也可以直接下电再重新上电，以便于检查系统参数是否全清。

注意：如果参数全部清空，则上电后的数控系统显示器上将出现大量的报警信息，说明参数全清成功。

2. 记录报警代码

3. 参数设定

1）系统参数设置

按下【SYSTEM】键，再按"参数"键，找到参数设置画面，在参数画面设置下列参数，如表 4-2-5 所示。

表 4-2-5　常用系统参数

参 数 号	数 值	参 数 说 明
20	4	存储卡接口
3003#0	1	使所有轴互锁信号无效
3003#2	1	使各轴互锁信号无效
3003#3	1	使不同轴向的互锁信号无效
3004#5	1	不进行超程信号的检查
3105#0	1	显示实际速度
3105#2	1	显示实际主轴速度和 T 代码
3106#5	1	显示主轴倍率值
3108#7	1	在当前位置显示画面和程序检查画面上显示 JOG 进给速度或者空运行速度
3708#0	1	检测主轴速度到达信号
3716#0	0	模拟主轴
3720	4096	位置编码器的脉冲数
3730	995	用于主轴速度模拟输出的增益调整的数据
3731	−14	主轴速度模拟输出的偏置电压的补偿量
3741	2800	与齿轮 1 对应的各主轴的最大转速
7113	100	手轮进给倍率
8131#0	1	使用手轮进给

2）轴设定参数的设置

常用轴设定参数如表 4-2-6 所示。

表 4-2-6　常用轴设定参数

参数号	设 定 值			参 数 定 义
	X 轴	Y 轴	Z 轴	
1006#3	0	0		各轴的移动指令（0：半径指定；1：直径指定）
1020	88	89	90	各轴的程序名称
1022	1	2	3	基本坐标系轴的设定
1023	1	2	3	各轴的伺服轴号
1825	3000	3000	3000	各轴的伺服环增益
1828	20000	20000	20000	每个轴的移动中的位置偏差极限值
1829	500	500	500	每个轴的停止时的位置偏差极限值
1260	360	360	360	旋转轴转动一周的移动量
1320	根据实际位置测定			各轴的存储行程限位 1 的正方向坐标值 I
1321	根据实际位置测定			各轴的存储行程限位 1 的负方向坐标值 I
1410	2000			空运行速度
1420	1500	1500	1500	各轴的快速移动速度
1421	300	300	300	每个轴的快速倍率的 F0 速度
1423	1500	1500	1500	每个轴的 JOG 进给速度
1424	3000	3000	3000	每个轴的手动快速移动速度
1425	300	300	300	每个轴的手动返回参考点的 FL 速度
1620	64	64	64	每个轴的快速移动直线加/减速的时间常数（T），每个轴的快速移动铃型加/减速的时间常数 T1
1622	64	64	64	每个轴的切削进给加/减速时间常数
1624	64	64	64	每个轴的 JOG 进给加/减速时间常数

3）伺服设定参数的设置

显示伺服参数画面的步骤：

（1）设置参数 3111#0＝1→系统下电，再上电；

（2）按 MDI 面板上的【SYSTEM】键一次→再按 "+" 键两次→选择 "SV 设定" 键→出现含有如下伺服参数的画面；

（3）按表 4-2-7 中的设置值对该画面的参数进行设置。

表 4-2-7　伺服设定参数

参 数 名	X 轴	Z 轴
初始化设定位	00000010	00000010
电机代码	256	256
AMR	00000000	00000000
指令倍乘比	2（半径）/102（直径）	2
柔性齿轮比 N	1	1
（N/M）M	200	200
方向设定	111	−111
速度反馈脉冲数	8192	8192

续表

参 数 名	X 轴	Z 轴
位置反馈脉冲数	12500	12500
参考计数器容量	5000	5000

注意：在参数设定后，要先断电再上电，以使参数设置生效。表 4-2-7 所列参数为常用参数，仅供参考。

任务拓展

与伺服有关参数的设定

1. 概述

1）CNC 中经常使用的术语

（1）最小指令增量：从 CNC 送到机床的最小指令单位。

（2）检测单位：检测机床位置的最小单位。

（3）指令倍乘比（CMR）：使 CNC 指令脉冲的权与来自检测器脉冲的权相匹配的常数，相当于电子齿轮比的分子。

（4）检测倍乘比（DMR）：使 CNC 指令脉冲的权与来自检测器脉冲的权相匹配的常数，相当于电子齿轮比的分母，它等于柔性齿轮比 N/M 的比值。

（5）最小输入单位：编程时移动量的最小单位。

（6）最小移动单位：指令机械移动的最小单位。

注意：最小移动单位、检测单位、CMR、DMR 之间的关系如下所示。

$$最小移动单位 = CMR \times 检测单位$$

检测单位 = 电动机每转动一周的移动量/（DMR×电动机每转动一周的检测器的脉冲数）

数字伺服的柔性进给齿轮功能是扩展 DMR，使用 n、m 两个参数可将 DMR 设定为 n/m 的一种功能。

2）知识铺垫

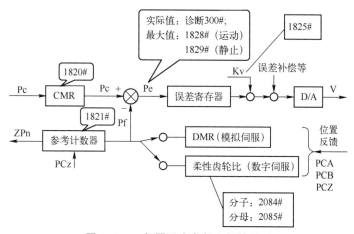

图 4-2-3 伺服设定参数之间的关系

2. 参数

1）1815

	#7	#6	#5	#4	#3	#2	#1	#0
1815			APC_X	APZ_X			OPT_X	

注：设定此参数后，继续操作前必须关闭电源。

数据类型：位轴型。

OPTX 位置检测器：设为 0 时不使用分离型脉冲编码器；设为 1 时使用分离型脉冲编码器。

APZX 当使用绝对位置检测器时，机床位置和绝对位置检测器的位置是否对应：设为 0 时不对应；设为 1 时对应。

注意：当使用绝对位置检测器时，在第一次进行调整或更换绝对位置检测器后，该参数必须设成"0"，并关断电源再重新启动，然后执行手动返回参考点，这样可使机床位置与绝对位置检测器的位置相对应，并将该参数自动设成"1"。

APCX 位置检测器的类型：设为 0 是非绝对位置检测器；设为 1 是绝对位置检测器（绝对脉冲编码器）。

2）1816

	#7	#6	#5	#4	#3	#2	#1	#0
1816		$DM3_X$	$DM2_X$	$DM1_X$				

提示：设定此参数后，继续操作前必须关闭电源。

数据类型：位轴型。

$DM1_X \sim DM3_X$ 设定检测倍乘比，如表 4-2-8 所示。

表 4-2-8 参数 1816 设置

设 定 值			检测倍乘比
$DM3_X$	$DM2_X$	$DM1_X$	
0	0	0	1/2
0	0	1	1
0	1	0	3/2
0	1	1	2
1	0	0	5/2
1	0	1	3
1	1	0	7/2
1	1	1	4

提示：使用柔性进给变比时，不使用这些参数。参数 2084 和 2085 中分别为 DMR 的分子和分母的相应值。

3）1820

1820	各轴的指令倍乘比（CMR）

提示：设定此参数后，继续操作前必须关闭电源。

数据类型：字节轴型。

设定指令倍乘比用以指明各轴的最小指令增量与检测单位的比值。

最小指令增量 = 检测单位×指令倍乘比。

参数中的设定值计算如下：

（1）当指令倍乘比为 1/2 ～ 1/27 时：

设定值 = 1/指令倍乘比 + 100。

有效数据范围：102 ～ 127。

（2）当指令倍乘比为 1 ～ 48 时：

设定值 = 2×指令倍乘比。

有效数据范围：2 ～ 96。

提示：当指令倍乘比为 1 ～ 48 时，该设定值应保证指令倍乘比为整数数值。

4）1821

1821	各轴参考计数器容量

数据类型：双字节轴型。

有效数据范围：0 ～ 999 999 999。

设定参数计数器容量。

提示：设定此参数后，继续操作前必须关闭电源。

5）1825

1825	各轴位置伺服环增益

数据类型：字节轴型。

数据单位：$0.01 \ s^{-1}$。

有效数据范围：1 ～ 9 999。

设定各轴的位置控制环增益。

当机床进行直线和圆弧插补时（切削），各轴的设定值必须一致。而机床进行定位时，各轴的设定值可以互不相同。当回路增益值增加时，位置控制的响应将会得到改善。但回路增益过大，就会导致伺服系统抖动。位置偏差（由误差计数器累计的脉冲数）和进给速度之间的关系表示如下：

位置偏差 = 进给速度 / [60×(位置环增益)]。

位置偏差单位：mm、inch 或 deg。

进给速度单位：mm/min、inch/min 或 deg/min。

回路增益单位：s^{-1}。

6）1828

1828	各轴运动时的位置偏差极限

数据类型：双字节轴型。

数据单位：检测单位。

有效数据范围：0 ～ 999 999 999。

该参数设定各轴运动中的位置偏差极限。

如果运动中的位置偏差超过了位置偏差极限，就会产生伺服报警，便会立即停止运行（类似于急停）。

通常在该参数中设定快速移动时的位置偏差值再加上一些余量。

7）1829

1829	停止状态各轴的位置偏差极限

数据类型：字节轴型。

数据单位：检测单位。

有效数据范围：0 ～ 32 767。

该参数设定各轴在停止状态下的位置偏差极限。

如果在停止状态下位置偏差超过了所设定的位置偏差极限，则产生伺服报警，同时将立即停止运行（类似于急停）。

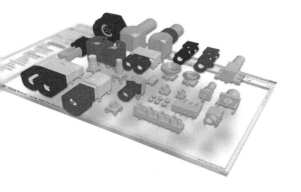

项目五
模拟主轴的调试

任务 5.1　变频器的硬件连接

知识点：

- 变频器的基本构成及工作原理。
- 变频器各端子的功能。

任务描述

数控车床主轴一般采用模拟主轴，即一般采用变频器控制。根据数控车床电气图册，对变频器进行硬件连接。数控车床模拟主轴系统所用变频器接线图，如图 5-1-1 所示。

任务分析

数控机床主轴的速度是由电压频率变换器（即变频器）实现的。什么是变频器？变频器由哪几部分组成？主接线端子有哪些功能？

相关知识

1. 变频电源的应用

变频器即电压频率变换器，是一种将固定频率的交流电变换成频率、电压连续可调的交流电，以供给电动机运转的电源装置。交流电动机变频调速与控制技术已经在机床、纺织、印刷、造纸、冶金、矿山以及工程机械等各个领域得到了广泛应用，因此提供进口和国产变频电源产品的单位已经十分普遍。

中小功率变频电源产品由于运行时其散热表面的温度可高达 90℃，所以大多数要求壁挂立式安装，并在机壳内配有冷却风扇以保证热量得到充分散发。在电气柜中应注意给变频电源的

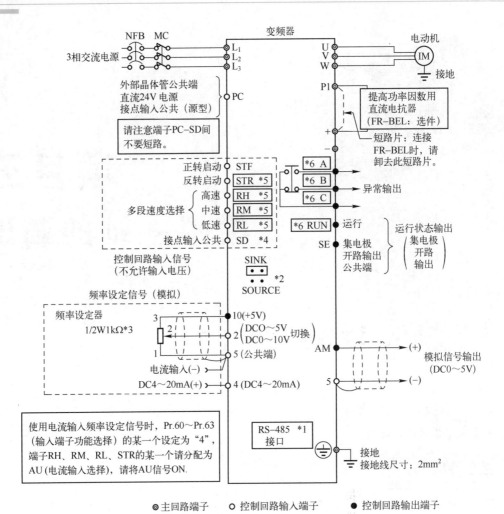

图 5-1-1 三菱变频器接线图

两侧及后部留出足够空间，而且在它的上部应避免灰尘、杂物掉入且上部如果配置有器件应确保即使受到热的影响也不会发生故障。多台变频电源安装在一起时要尽量避免竖排安装，如必须竖排则要在两层间配备隔热板。变频电源工作的环境温度不准超过50℃。

2. 变频电源的基本接线

小功率变频电源产品的外形如图 5-1-2 所示。一般三相输入、三相输出变频电源的基本电气接线原理图如图 5-1-3 所示。

在图 5-1-3 中，主电路接入口 R、S、T 处应按常规动力线路的要求预先串接符合该电动机功率容量的空气断路器和交流接触器，以便对电动机工作电路进行正常的控制和保护。经过变频后的三相动力接出口为 U、V、W，在它们和电动机之间可安排热继电器以防止电动机过长时间过载或单相运行等问题。电动机的转向仍然靠外部的线头换相来确定或控制。

图 5-1-2 变频电源外形

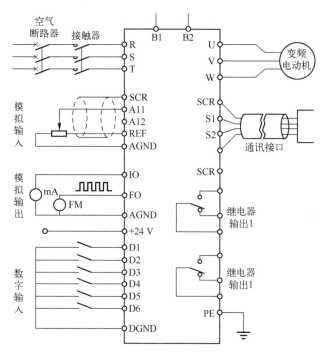

图 5-1-3 变频电源基本接线原理

B1、B2 用来连接外部制动电阻，改变制动电阻值的大小可调节制动的程度。

工作频率的模拟输入端为 2 和 5，模拟量地端 AGND 为零电位点。电压或电流模拟方式的选择一般通过这些端口的内部跳线来确定。电压模拟输入也可以从外部接入电位器实现（有的变频电源将此环节设定在内部），电位器的参考电压从 REF 端获取。

工作频率挡位的数字输入由 D3、D4、D5 的三位二进制数设定，"000" 认定为模拟控制方式。另外三个数字端可分别控制电动机电源的启动、停止，启动及制动过程的加、减速时间选定等功能。数字量的参考电位点是 DGND。

一般变频电源都提供模拟电流输出端 IO 和数字频率输出端 FO，便于建立外部的控制系统。如需要电压输出可外接频压转换环节获得。继电器输出 KM1 和 KM2 可对外表述诸如变频电源有无故障、电动机是否在运转、各种运转参数是否超过规定极限、工作频率是否符合给定数据等种种状态，便于整个系统的协调和正常运行。

通信接口可以选择是否将该变频电源作为某个大系统的终端设备，它们的通信协议一般由变频电源厂商规定，不可改变。

为保证变频电源的正常工作，其外壳 PE 应可靠地接入大地零电位。所有与信号相关的接线群都要有屏蔽接点 SCR。

3. 变频器主接线端子介绍

主接线端子是变频器与电源及电动机连接的接线端子。

1）主接线端子示意图

主接线端子示意图如图 5-1-4 所示。

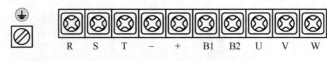

图5-1-4　主接线端子的示意图

2）主接线端子的功能

主接线端子的功能见表5-1-1。

表5-1-1　主回路端子的功能表

目　　　的	使用端子
主回路电源输入	R、S、T
变频器输出	U、V、W
直流电源输入	−、+
直流电抗器连接	+、B1（去掉短接片）
制动电阻连接	B1、B2
接地	⏚

4. 变频器的构成

目前，通用变频器几乎都是交—直—交型变频器，因此本节以交—直—交电压型变频器为例，讲述变频器的基本构成。变频器由主电路和控制电路组成，如图5-1-5所示。

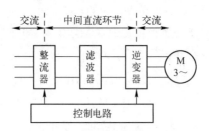

图5-1-5　变频器的基本构成

（1）主电路。电压型交—直—交变频器的主电路由整流电路、中间直流电路和逆变器电路三部分组成。主电路的基本结构如图5-1-6所示。

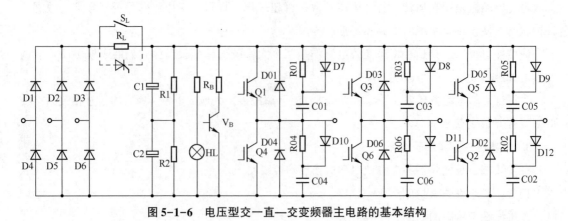

图5-1-6　电压型交—直—交变频器主电路的基本结构

（2）控制电路。控制电路的基本结构如图 5-1-7 所示，它主要由电源板、主控板、键盘与显示板、外接控制电路等构成。主控板是变频器运行的控制中心，其主要功能如下：

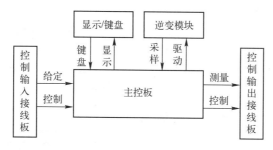

图 5-1-7　通用变频器的控制框图

① 接受从键盘输入的各种信号。

② 接受从外部控制电路输入的各种信号。

③ 接受内部的采样信号，如主电路中电压与电流的采样信号、各部分温度的采样信号、各逆变管工作状态的采样信号等。

④ 完成 SPWM 调制，将接受的各种信号进行判断和综合运算，产生相应的 SPWM 调制指令，并分配给各逆变管的驱动电路。

⑤ 发出显示信号，向显示板和显示屏发出各种显示信号。

⑥ 发出保护指令，变频器必须根据各种采样信号随时判断其工作是否正常，一旦发现异常工况，必须发出保护指令进行保护。

⑦ 向外电路发出控制信号及显示信号，如正常运行信号、频率到达信号、故障信号等。

任务实施

1. MCCB 接线用断路器

在电源与输入端子之间，先插入适合变频器功率的接线用断路器。

MCCB 的时间特性要充分考虑变频器的过热保护的时间特性，一般为达到额定输出电流的 150%、且超过 1 min。

2. MC 电磁接触器

可以通过断开 MC 断开主回路电源，电动机自由滑行停止，但频繁地开/闭会引起变频器故障。MC 的容量常选为变频器额定电流的 1.5 ～ 2 倍。

3. R 制动电阻

在制动力矩不能满足要求时使用，运用于大惯性负载、频繁制动或快速刹车的情况。

4. 接地线的设置

接地端子，务必接地。

5. AC 电抗器或 DC 电抗器

连接大功率（600 kVA 以上）的电源变压器时，会有进线电解电容的切换，切换将有很大的峰值电流流入电源回路而损坏整流部分元器件的可能。为避免这样的情况产生，一般在变频器的输入侧接入 AC 电抗器或者在 DC 电抗器端子上安装 DC 电抗器。接入电抗器后也有改善功率因数的效果，同时除去从电源线入侵变频器的噪声，也可以降低从变频器流出的噪声，提高抗干扰能力。

6. 主回路输出侧的接线

变频器与电动机的接线如图 5-1-8 所示。绝对禁止将输入电源接入输出端子、将输出端子短路和接地。

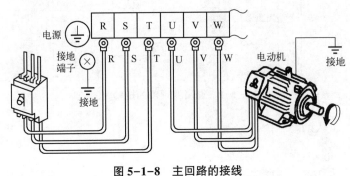

图 5-1-8　主回路的接线

7. 漏电开关的安装

由于变频器的输出是高频脉冲波，应安装漏电开关，漏电开关请选用变频器专用的漏电开关（动作电流在 30 mA 以上）。选择通用的漏电开关时，其开关的动作电流在 200 mA 以上。

对交流电动机实现变频调速的装置称为变频调速器，其功能是将电网提供的电压与频率固定不变的交流电变换为可变电压和频率 VVVF（Variable Voltage Variable Frequency）的交流电，实现对电动机的无级调速。

任务拓展

变频器的种类及额定参数

1. 变频器的种类

目前国内外变频器的种类很多，其分类如表 5-1-2 所示。

表 5-1-2　变频器的分类方法及类别

序号	分类方法	类别	说明
1	按变换环节分类	交—直—交变频器	交—直—交变频器首先将频率固定的交流电整流成直流电，经过滤波，再将平滑的直流电逆变成频率连续可调的交流电。由于把直流电逆变成交流电的环节较易控制，因此在频率的调节范围内，以及改善频率后电动机的特性等方面都有明显的优势，目前，此种变频器已得到普及
		交—交变频器	交—交变频器把频率固定的交流电直接变换成频率连续可调的交流电。其主要优点是没有中间环节，故变换效率高。它主要用于低速大容量的拖动系统中
2	按电压的调制方式分类	PAM（脉幅调制）	PAM（Pulse Amplitude Modulation）是通过调节输出脉冲的幅值来调节输出电压的一种方式，在调节过程中，逆变器负责调频，相控整流器或直流斩波器负责调压。这种方式基本不用
		PWM（脉宽调制）	PWM（Pulse Width Modulation）是通过改变输出脉冲的宽度和占空比来调节输出电压的一种方式，在调节过程中，逆变器负责调频调压。目前普遍应用的是脉宽按正弦规律变化的正弦脉宽调制方式，即 SPWM 方式。中小容量的通用变频器几乎全部采用此类型的变频器

序号	分类方法	类　　别	说　　明
3	按滤波方式分类	电压型变频器	在交—直—交变压变频装置中，当中间直流环节采用大电容滤波时，直流电压波形比较平直，在理想情况下可以等效成一个内阻抗为零的恒压源，输出的交流电压是矩形波或阶梯波，这类变频装置称为电压型变频器
		电流型变频器	在交—直—交变压变频装置中，当中间直流环节采用大电感滤波时，直流电流波形比较平直，因而电源内阻抗很大，对负载来说基本上是一个电流源，输出交流电流是矩形波或阶梯波，这类变频装置称为电流型变频器
4	按输入电源的相数分类	三进三出变频器	变频器的输入侧和输出侧都是三相交流电，绝大多数变频器都属于此类
		单进三出变频器	变频器的输入侧为单相交流电，输出侧是三相交流电，家用电器里的变频器都属于此类，通常容量较小
5	按控制方式分类	U/f 控制变频器	U/f 控制是在改变变频器输出频率的同时控制变频器输出电压，使电动机的主磁通保持一定，在较宽的调速范围内，电动机的效率和功率因数保持不变。因为是控制电压和频率的比，所以称为 U/f 控制。它是转速开环控制，无须速度传感器，控制电路简单，是目前通用变频器中使用较多的一种控制方式
		转差频率控制变频器	转差频率控制需检测出电动机的转速，构成速度闭环。速度调节器的输出为转差频率，然后以电动机速度与转差频率之和作为变频器的给定输出频率。转差频率控制是指能够在控制过程中保持磁通量 Φ_m 的恒定，能够限制转差频率的变化范围，且能通过转差频率调节异步电动机的电磁转矩的控制方式。速度的静态误差小，适用于自动控制系统
		矢量控制方式变频器	U/f 控制变频器和转差频率控制变频器的控制思想都建立在异步电动机的静态数字模型上，因此动态性能指标不高。采用矢量控制方式的目的是提高变频调速的动态性能。基本上可达到和直流电动机一样的控制特性

2. 变频器的额定参数

1）变频器的额定值

（1）输入侧的额定值。输入侧的额定值主要是电压和相数。在我国的中小容量变频器中，输入电压的额定值有以下几种情况（均为线电压）。

① 380 V/50 Hz，三相，用于绝大多数电器中。

② 200 ～ 230 V/50 Hz 或 60 Hz，三相，主要用于某些进口设备中。

③ 200 ～ 230 V/50 Hz，单相，主要用于精细加工和家用电器。

（2）输出侧的额定值：

① 输出电压额定值 U_N：由于变频器在变频的同时也要变压，所以输出电压的额定值是指输出电压中的最大值。通常，输出电压的额定值总是和输入电压相等。

② 输出电流额定值 I_N：输出电流的额定值是指允许长时间输出的最大电流，是用户在选择变频器时的主要依据。

③ 输出容量 S_N（kVA）：S_N 与 U_N 和 I_N 的关系为

$$S_N = \sqrt{3}\, U_N I_N$$

④ 配用电动机容量 P_N（kW）：变频器说明书中规定的配用电动机容量。变频器铭牌上的

"适用电动机容量"是针对四极电动机而言的，若拖动的电动机是六极或其他，那么相应的变频器容量加大。

⑤ 过载能力：变频器的过载能力是指其输出电流超过额定电流的允许范围和时间。大多数变频器都规定为 $150\% I_N$、$60\ s$ 或 $180\% I_N$、$0.5\ s$。

2）变频器的频率指标

（1）频率的名词术语：

① 基底频率 f_b：当变频器的输出电压等于额定电压时对应的最小输出频率，称为基底频率，用来作为调节频率的基准。

② 最高频率 f_{max}：当变频器的频率给定信号为最大值时，变频器的给定频率。这是变频器的最高工作频率的设定值。

③ 上限频率 f_H 和下限频率 f_L：根据拖动系统的工作需要，变频器可设定上限频率和下限频率，如图 5-1-9 所示。

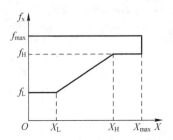

图 5-1-9　变频器的上下限频率

④ 跳变频率 f_J：生产机械在运转时总是有振动的，其振动频率和转速有关。为了避免机械谐振的发生，机械系统必须回避可能引起谐振的转速。回避转速对应的工作频率就是跳变频率。

⑤ 点动频率 f_{JOG}：生产机械在调试过程中，以及每次新的加工过程开始前，常常需要"点一点、动一动"，以便观察各部位的运转情况。

如果每次在点动前后都要进行频率调整，则既麻烦，又浪费时间。因此，变频器可以根据生产机械的特点和要求，预先一次性地设定一个"点动频率 f_{JOG}"，每次点动时都在该频率下运行，而不必变动已经设定好了的给定频率。

（2）变频器的频率指标：

① 频率范围：频率范围即变频器能够输出的最高频率 f_{max} 和最低频率 f_{min}。各种变频器规定的频率范围不尽一致。

② 频率精度：频率精度指变频器输出频率的准确程度。用变频器的实际输出频率和设定频率之间的最大误差与最高工作频率之比的百分数表示。

③ 频率分辨率：频率分辨率指输出频率的最小改变量，即每相邻两挡频率之间的最小差值。一般分模拟设定分辨率和数字设定分辨率两种。

任务 5.2　变频器的参数设置方法

知识点：

- 了解三菱 S500 变频器操作界面及工作方式。
- 掌握三菱 S500 变频器参数的含义。
- 掌握三菱 S500 变频器的基本操作。

任务描述

变频器参数设置是否合理关系到变频器能否正常运行和发挥最佳性能。本任务是在变频器硬件连接完成的基础上进行变频器参数的设置。

任务分析

在主轴变频调速系统中，变频器发挥着重要的作用，主轴的正、反转及主轴转速控制实现都是由它来完成，控制电动机工作需要设定参数，进行基本操作，下面对这些问题进行讲解。

相关知识

1. 三菱 S500 型变频器面板操作键介绍（见图 5-2-1）

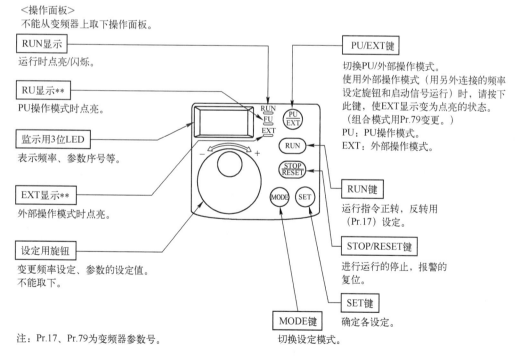

<操作面板>
不能从变频器上取下操作面板。

RUN显示
运行时点亮/闪烁。

RU显示**
PU操作模式时点亮。

监视用3位LED
表示频率、参数序号等。

EXT显示**
外部操作模式时点亮。

设定用旋钮
变更频率设定、参数的设定值。
不能取下。

PU/EXT键
切换PU/外部操作模式。
使用外部操作模式（用另外连接的频率设定旋钮和启动信号运行）时，请按下此键，使EXT显示变为点亮的状态。
（组合模式用Pr.79变更。）
PU：PU操作模式。
EXT：外部操作模式。

RUN键
运行指令正转，反转用
（Pr.17）设定。

STOP/RESET键
进行运行的停止，报警的复位。

SET键
确定各设定。

MODE键
切换设定模式。

注：Pr.17、Pr.79为变频器参数号。

图 5-2-1　三菱 S500 型变频器面板

2. 三菱 S500 型变频器基本操作（见图 5-2-2）

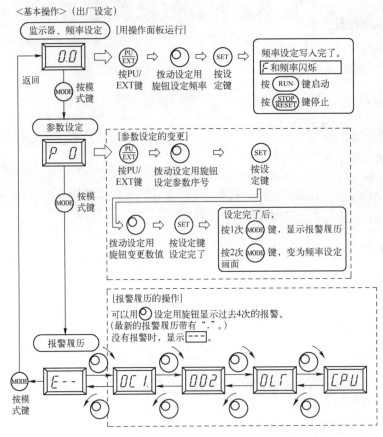

图 5-2-2　三菱 S500 型变频器

3. 三菱 S500 型变频器基本参数（见表 5-2-1）

表 5-2-1　三菱 S500 型变频器基本参数

参数	名　称	表示	设定范围	最小设定单位	出厂设定值	用户设定值
0	转矩提升	$P\ 0$	0～15%	0.1%	6%/5%/4% *	
1	上限频率	$P\ 1$	0～120 Hz	0.1 Hz	50 Hz	
2	下限频率	$P\ 2$	0～120 Hz	0.1 Hz	0 Hz	
3	基波频率	$P\ 3$	0～120 Hz	0.1 Hz	50 Hz	
4	3 速设定（高速）	$P\ 4$	0～120 Hz	0.1 Hz	50 Hz	
5	3 速设定（中速）	$P\ 5$	0～120 Hz	0.1 Hz	30 Hz	
6	3 速设定（低速）	$P\ 6$	0～120 Hz	0.1 Hz	10 Hz	
7	加速时间	$P\ 7$	0～999 s	0.1 s	5 s	
8	减速时间	$P\ 8$	0～999 s	0.1 s	5 s	
9	电子过电流保护	$P\ 9$	0～50 A	0.1 A	额定输出电流	
30	扩张功能显示选择	$P30$	0，1	1	0	
79	操作模式选择	$P79$	0～4，7，8	1	0	

　* 出厂设定值，根据变频器的容量不同有所不同，FR-S540-1.5K，2.2K-CH 为 5%，FR-S540-3.7K-CH 为 4%。

任务实施

1. 用数控系统控制变频器运行

（1）将主轴模块（端子 2、5）与系统模块（SVC1、ES1）的连接线接通。

（2）在机床控制面板上选择 MDI 方式。

（3）输入"M03S500"→"回车/输入"→"数控启动"，观察 Y0.0、Y0.1 和变频器的 LED 的显示。

（4）输入"M04S800"→"回车/输入"→"数控启动"，观察 Y0.0、Y0.1 和变频器的 LED 的显示。

2. 用电位器控制变频器运行

（1）将主轴模块（端子 2、5）与系统模块（SVC1、ES1）的连接线断开。

（2）将主轴模块（端子 2）与电位器的插头接通。

（3）将电位器调至所需的频率（通过变频器上 LED 的显示）。

（4）将主轴模块端子 STF 拨至 ON，观察主轴的旋转。

（5）将主轴模块端子 STR 拨至 ON，观察主轴的旋转。

（6）STF 和 STR 同时接通或同时断开主轴，观察主轴的旋转。

3. 用变频器内部速度（参数设定）控制变频器运行

（1）分别将主轴模块上端子 RH、RM、RL 接通。

（2）将主轴模块端子 STF 拨至 ON，观察主轴的旋转。

（3）将主轴模块端子 STR 拨至 ON，观察主轴的旋转。

（4）STF 和 STR 同时接通或同时断开主轴，观察主轴的旋转。

4. 用操作面板控制变频器运行

（1）按 PU/EXT 键，选择 PU 方式。

（2）拨动旋钮设定所需要的频率。

（3）按 SET 键，频率设定完成，F 和所设频率交替闪烁。

（4）按 RUN 键启动主轴电动机，观察主轴的旋转。

（5）按 STOP 键停止主轴。

5. 主轴的正反转和速度也可用两种方式同时控制

（1）正反转由系统控制，速度由电位器控制。

（2）正反转由系统控制，速度由 RH、RM、RL 控制。

（3）正反转由 SFT、STR 控制，速度由系统控制。

任务 5.3 连接主轴变频调速系统

知识点：

- 数控机床主轴对伺服系统的要求。
- 主轴伺服系统及主轴电机。
- 主轴装置与数控装置的连接。
- 主轴准停控制。

任务描述

数控机床主轴变频调速系统包含数控系统、变频器和主轴部分及检测元件。本任务以数控车床为例，完成主轴变频调速系统的连接。

任务分析

主轴驱动系统包括主轴驱动器和主轴电动机。数控机床主轴的无级调速则是由主轴驱动器完成。主轴驱动系统分为直流驱动系统和交流驱动系统，目前数控机床的主轴驱动多采用交流主轴驱动系统，即交流主轴电动机配备变频器或主轴伺服驱动器。

为满足数控机床对主轴驱动的要求，主轴驱动系统必须具备下述功能：

（1）输出功率大。

（2）在整个调速范围内速度稳定，且恒功率范围宽。

（3）在断续负载下电动机转速波动小，过载能力强。

（4）加、减速时间短。

（5）电动机温升低。

（6）振动小、噪声低。

（7）电动机可靠性高、寿命长、易维护。

（8）体积小、质量轻。

早期的数控机床多采用直流主轴驱动系统。为使主轴电动机能输出较大的功率，所以一般采用他激式的直流电动机。为缩小体积，改善冷却效果，以免电动机过热，常采用轴向强迫风冷或热管冷却技术。

直流主轴电动机驱动器有可控硅调速和脉宽调制 PWM 调速两种形式。由于脉宽调制 PWM 调速具有很好的调速性能，因而在对静动态性能要求较高的数控机床进给驱动装置上曾广泛使用。而三相全控可控硅调速装置则适用于大功率场合。

由于直流电动机需机械换向，换向器表面线速度、换向电流、电压均受到限制，所以限制了其转速和功率的提高，并且它的恒功率调速范围也较小。由于直流电动机的换向增加了电动机的制造难度、成本，并使调速控制系统变得复杂，另外换向器必须定时停机检查和维修，使用和维护都比较麻烦。

20 世纪 80 年代后，微电子技术、交流调速理论、现代控制理论等有了很大发展，同时新型大功率半导体器件（如大功率晶体管 GTR、绝缘栅双极晶体管 IGBT 以及 IPM 智能模块）不断成熟并应用于交流驱动系统，并可实现高转速和大功率主轴驱动，其性能已达到和超过直流驱动系统的水平。交流电动机体积小、质量轻，采用全封闭罩壳，防灰尘和防污染性能好，因此，现代数控机床 90% 都采用交流主轴驱动系统。

交流主轴驱动系统通常采用感应电动机作为驱动电动机，由变频逆变器实施控制，有速度开环或闭环控制方式。也有采用永磁同步电动机作为驱动电动机，由变频逆变器实现速度环的矢量控制，这种方式具有快速的动态响应特性，但其恒功率调速范围较小。正如前述，电动机的结构有笼型感应电动机和永磁式电动机两种结构，对于进给用交流伺服电动机，大都采用后一种结构形式；而交流主轴电动机与伺服进给电动机不同，交流主轴电动机多采用感应电动机。这是因为受永磁体的限制，当容量做得很大时，电动机成本太高，使数控机床难以使用。另外，数控机床主轴驱动系统不必像进给伺服驱动系统那样要求如此高的性能，调速范围也可以不要太大。因此，采用感应电动机进行矢量控制就完全能满足数控机床主轴的要求。

相关知识

1. 变频器的试运行连接

三菱 S500 型变频器的外形如图 5-3-1（a）所示。当采用电位器作速度的给定模拟量，用开关作为启动/停止和正/反转控制简单试运行的连接方式，如图 5-3-1（b）所示。按该图连接以后，确认无误即可进行操作。

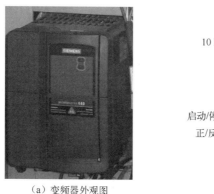
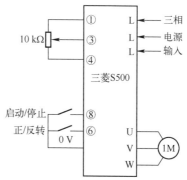

（a）变频器外观图　　　　　　　（b）变频器简单试运行连接图

图 5-3-1　变频器外观及运行连接图

2. 变频器与 FANUC 0i Mate 数控系统的连接

三菱 S500 型变频器与 FANUC 0i mate 数控系统连接的端子与接口，如图 5-3-2 所示。

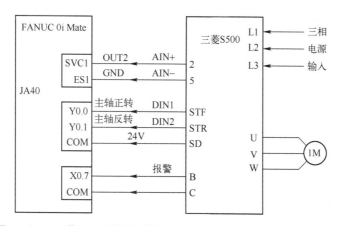

图 5-3-2　三菱 S500 型变频器与 FANUC 0i Mate 数控系统的连接图

任务实施

完成三菱 S500 型变频器与 FANUC 0i Mate 数控系统的连接。

根据连接图，将三菱 S500 型变频器与 FANUC 0i Mate 数控系统进行连接。为了与 FANUC0i Mate 数控系统 I/O 控制逻辑功能配合，需将三菱 S500 型变频器的 STF、STR 设置为"反转/停止"控制方式，即将"P79"设置为"0"（P79＝0）。

1. 数控机床主轴对伺服系统的要求

1）数控铣床主轴部件

数控铣床主轴电动机通过同步带副将运动传递到主轴，主电动机为变频调速三相异步电动机，由变频器控制其速度的变化，从而使主轴实现无级调速，主轴转速范围为 250 ～ 6 000 r/min。

现代数控铣床的主轴开启与停止、主轴正反转与主轴变速等都可以按程序介质上编入的程序自动执行。不同的机床其变速功能与范围也不同。有的采用变频机组（目前已很少采用），固定几种转速，可任选一种编入程序，但不能在运转时改变；有的采用变频器调速，将转速分为几挡，程编时可任选一挡，在运转中可通过控制面板上的旋钮在本挡范围内自由调节；有的则不分挡，程编可在整个调速范围内任选一值，在主轴运转中可以在全速范围内进行无级调整，但从安全角度考虑，每次只能调高或调低在允许的范围内，不能有大起大落的突变。在数控铣床的主轴套筒内一般都设有自动拉、退刀装置，能在数秒内完成装刀与卸刀，使换刀显得较方便。此外，多坐标数控铣床的主轴可以绕 X、Y 或 Z 轴作数控摆动，也有的数控铣床带有万能主轴头，扩大了主轴自身的运动范围，但主轴结构更加复杂。

2）数控机床主轴对伺服系统的要求

数控机床的技术水平依赖于进给和主轴伺服系统的性能，因此，数控机床对伺服系统的位置控制、速度控制及伺服电动机主要有下述要求。

（1）进给调速范围要宽。调速范围 r_h 是伺服电动机的最高转速与最低转速之比，即 $r_h＝n_{max}/n_{min}$。为适应不同零件及不同加工工艺方法对主轴参数的要求，数控机床的主轴伺服系统应能在很宽的范围内实现调速。

（2）位置精度要高。为满足加工高精度零件的需要，关键之一是要保证数控机床的定位精度和进给跟踪精度。数控机床位置伺服系统的定位精度一般要求达到 1 μm，甚至 0.1 μm。相应地，对伺服系统的分辨率也提出了要求。伺服系统接受 CNC 送来的一个脉冲，工作台相应移动的距离称为分辨率。系统分辨率取决于系统的稳定工作性能和所使用的位置检测元件。

（3）速度响应要快。为了保证零件尺寸、形状精度和获得低的表面粗糙度值，要求伺服系统除具有较高的定位精度外，还应有良好的快速响应特性，即要求跟踪指令信号的响应要快。一方面伺服系统加减速过渡过程时间要短；另一方面是恢复时间要短，且无振荡。

3）低速时大转矩输出

数控机床切削加工，一般低速时为大切削量（切削深度和宽度），要求伺服驱动系统在低速进给时，要有大的输出转矩。

2. 数控机床主轴驱动系统的特点

（1）随着生产力的不断提高，机床结构的改进，加工范围的扩大，要求机床主轴的速度和功率也不断提高，主轴的转速范围也不断扩大，主轴的恒功率调速范围更大，并有自动换刀的主轴准停功能等。

（2）为了实现上述要求，主轴驱动要采用无级调速系统驱动。一般情况下主轴驱动只有速度控制要求，少量有位置控制要求，所以主轴控制系统只有速度控制环。

（3）由于主轴需要恒功率调速范围大，采用永磁式电动机就不合理，往往采用他励式直流伺服电动机和笼型感应交流伺服电动机。

（4）数控机床主旋转运动无须丝杠或其他直线运动的机构，机床的主轴驱动与进给驱动有很大的差别。

（5）早年的数控机床多采用直流主轴驱动系统，但由于直流电动机的换向限制，大多数系统恒功率调速范围都非常小。随着微处理器技术和大功率晶体管技术的发展，20 世纪 80 年代初期开始，数控机床的主轴驱动应用了交流主轴驱动系统。目前，国内外新生产的数控机床基本都采用交流主轴驱动系统，交流主轴驱动系统将完全取代直流主轴驱动系统。这是因为交流电动机不像直流电动机那样在高转速和大容量方面受到限制，而且交流主轴驱动系统的性能已达到直流驱动系统的水平，甚至在噪声方面还有所降低，价格也比直流主轴驱动系统低。

3. 直流主轴伺服系统

直流主轴伺服系统由他励式直流伺服电动机和直流主轴速度控制单元组成。直流主轴速度单元是由速度环和电流环构成的双闭环速度控制系统，用于控制主轴电动机的电枢电压，进行恒转矩调速。控制系统的主回路采用反并联可逆整流电路，因为主轴电动机的容量大，所以主回路的功率开关元件大都采用晶闸管元件。主轴直流电动机调速还包括恒功率调速，由励磁控制回路完成。因为主轴电动机为他励式电动机，励磁绕组需要有另一直流电源供电，用减弱励磁控制回路电流方式使电动机升速。

采用直流主轴速度控制单元之后，只需 2 ～ 3 级机械变速，即可满足数控机床主轴调速要求。

4. 交流主轴伺服系统

交流主轴伺服系统由交流主轴速度控制单元和交流主轴伺服电动机组成。交流主轴速度控制单元一般是数字式控制形式，由微处理器担任的转差频率矢量控制器和晶体管逆变器控制感应电动机速度，速度传感器一般采用脉冲编码器或旋转变压器。

在伺服系统中，直流伺服电动机能获得优良的动态与静态性能，其根本原因是被控量只有电动机磁场和电枢电流，且这两个量是独立的，如果完满地补偿电枢反应，两量互不影响。此时，电磁转矩与磁通和电枢电流分别成正比关系，因此控制简单，特性为线性。而交流感应电动机没有独立的励磁回路，转子电流时刻影响着磁通的变化，而且交流感应电动机的输入量是随时间交变的量，磁通也是空间的交变矢量，仅仅控制定子电压和电源频率，其输出特性显然不是线性。如果能够模拟直流电动机，求出交流电动机与此对应的磁场与电枢电流，分别独立地加以控制，就会使交流电动机具有与直流电动机近似的优良调速特性。为此，必须将三相交流变量（矢量）转换为与之等效的直流量（标量），建立起交流电动机的等效数学模型，然后按直流电动机的控制方法对其进行控制，再将控制信号等效转变为三相交流电量，驱动感应交流电动机，完成对交流电动机的速度控制。这种矢量—标量—矢量的过程就是矢量变换控制过程。在矢量变换控制中，首先是将三相交流量（三相交流电动机）等效为二相交流量（二相交流电动机），再将二相交流量（二相交流电动机）旋转后等效为模拟直流量（直流电动机），控制后，再将调制好的模拟直流量转换为三相交流量输出。在这个过程中要进行复杂的运算和坐标变换计算，所以矢量控制往往由微处理器系统完成，如图5-3-3所示。

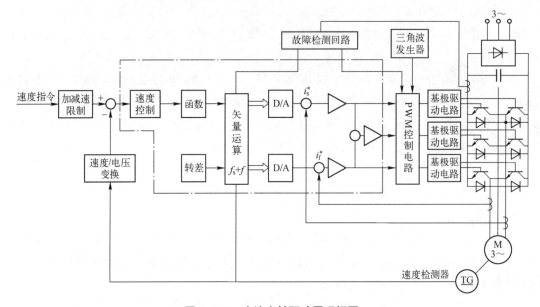

图5-3-3　交流主轴驱动原理框图

5. 数控装置与主轴装置的连接

FANUC 0i Mate 数控装置通过 JA40 主轴控制接口和 PLC 输入/输出接口连接各种主轴驱动器，实现正反转、定向、调速等控制，还可以外接主轴编码器，实现螺纹车削和铣床上的刚性攻丝功能。

1）主轴启停

主轴启停控制由 PLC 承担，标准铣床 PLC 程序和标准车床 PLC 程序中关于主轴启停控制的信号如表5-3-1。

表5-3-1　与主轴启停有关的输入/输出开关量信号

信号说明	标号（X/Y地址）		所在接口	信号名	脚号
	铣	车			
输入开关量					
主轴速度到达	X3.1	X3.1	CB105	I25	23
主轴零速	X3.2			I26	10

续表

信号说明	标号（X/Y地址）		所在接口	信号名	脚号
	铣	车			
输出开关量					
主轴正转	Y0.0	Y0.0	CB105	O00	1
主轴反转	Y0.1	Y0.1		O01	2

利用 Y0.0、Y0.1 输出即可控制主轴装置的正、反转及停止，一般定义接通有效；当 Y0.0 接通时，可控制主轴装置正转；Y0.1 接通时，主轴装置反转；二者都不接通时，主轴装置停止旋转。在使用某些主轴变频器或主轴伺服单元时，也用 Y0.0、Y0.1 作为主轴单元的使能信号。

部分主轴装置的运转方向由速度给定信号的正、负极性控制，这时可将主轴正转信号用作主轴使能控制，主轴反转信号不用。

部分主轴控制器有速度到达和零速信号，由此可使用主轴速度到达和主轴零速输入，实现 PLC 对主轴运转状态的监控。

2）主轴速度控制

FANUC 0i Mate 通过 JA40 主轴接口中的模拟量输出可控制主轴转速：当主轴模拟量的输出范围为 -10 V ～ +10 V 时，用于双极性速度指令输入主轴驱动单元或变频器，这时采用使能信号控制主轴的启、停；当主轴模拟量的输出范围为 0 ～ +10 V 时，用于单极性速度指令输入的主轴驱动单元或变频器，这时采用主轴正转、主轴反转信号控制主轴的正、反转。模拟电压的值由用户 PLC 程序送到相应接口的数字量决定。

3）主轴定向控制

与主轴定向有关的输入/输出开关量信号见表 5-3-2。实现主轴定向控制的方案及控制方式见表 5-3-3。

表 5-3-2　与主轴定向有关的输入/输出开关量信号

信号说明	标号（X/Y地址）	所在接口	信号名	脚号
	铣			
输入开关量				
主轴定向完成	X3.3	CB105	I27	27
输出开关量				
主轴定向	Y1.3	CB105	O11	20

表 5-3-3　主轴定向控制的方案及控制方式

序号	控制的方案	控制方式及说明
1	用带主轴定向功能的主轴驱动单元	标准铣床 PLC 程序中定义了相关的输入/输出信号。由 PLC 发出主轴定向命令，即 Y1.3 接通主轴单元完成定向后送回主轴定向完成信号 X3.3
2	用伺服主轴即主轴工作在位控方式下	主轴作为一个伺服轴控制，在需要时可由用户 PLC 程序控制定向到任意角度

序号	控制的方案	控制方式及说明
3	用机械方式实现	根据所采用的具体方式，用户可自行定义有关的 PLC 输入/输出点，并编制相应 PLC 程序

4）主轴编码器连接

通过主轴接口 JA36 可外接主轴编码器，用于螺纹切割、攻丝等，FANUC 0i Mate 数控装置可接入两种输出类型的编码器，即差分 TTL 方波或单极性 TTL 方波。一般使用差分编码器，确保长的传输距离的可靠性及提高抗干扰能力。FANUC 0i Mate 数控装置与主轴编码器的接线图如图 5-3-4 所示。

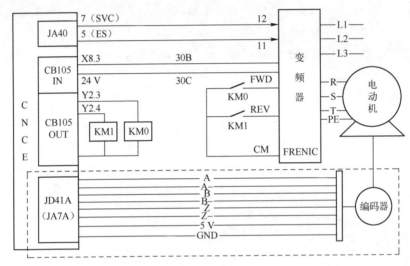

图 5-3-4　数控装置与主轴变频器的接线图（若没有主轴编码器则虚线框中的内容没有）

5）数控装置与主轴装置的连接实例

（1）与普通三相异步电动机连接。用无调速装置的交流异步电动机作为主轴电动机时，只需利用数控装置输出开关量控制中间继电器和接触器，便可控制主轴电动机的正转、反转、停止，如图 5-3-5 所示。图 5-3-5 中 KA3、KM3 控制电动机正转，KA4、KM4 控制电动机反转。FANUC 0i Mate 数控装置与普通三相异步主轴电动机的连接，可配合主轴机械换挡实现有级调速，还可外接主轴编码器实现螺纹车削加工或刚性攻丝。

（2）与交流变频主轴连接。采用交流变频器控制交流变频电动机，可在一定范围内实现主轴的无级变速，这时需利用数控装置的主轴控制接口（JA40）中的模拟量电压输出信号，作为变频器的速度给定，采用开关量输出信号（Y0.0、Y0.1）控制主轴启、停（或正、反转）。FANUC 0i Mate 数控装置与主轴变频器的接线图如图 5-3-6 所示。

采用交流变频主轴时，由于低速特性不很理想，一般需配合机械换挡以兼顾低速特性和调速范围。需要车削螺纹或攻丝时，可外接主轴编码器。

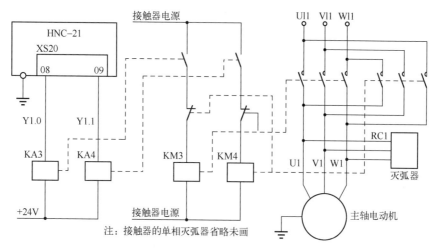

图 5-3-5　数控装置与普通三相异步主轴电动机的连接

（3）与伺服驱动主轴连接。采用伺服驱动主轴可获得较宽的调速范围和良好的低速特性，还可实现主轴定向控制。可利用数控装置上的主轴控制接口（JA40）中的模拟量输出信号（模拟电压），作为主轴单元的速度给定；利用 PLC 输出控制启、停（或正、反转）及定向。FANUC 0i Mate 数控装置与主轴伺服的接线图如图 5-3-6 所示。

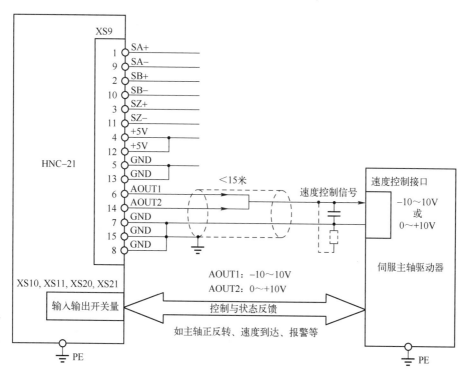

图 5-3-6　数控装置与主轴伺服的接线图

需车削螺纹或攻丝时，可利用主轴伺服本身反馈给数控装置接口 JA40 的主轴位置信息，如图 5-3-7 所示；也可外接主轴编码器，如图 5-3-8 所示。

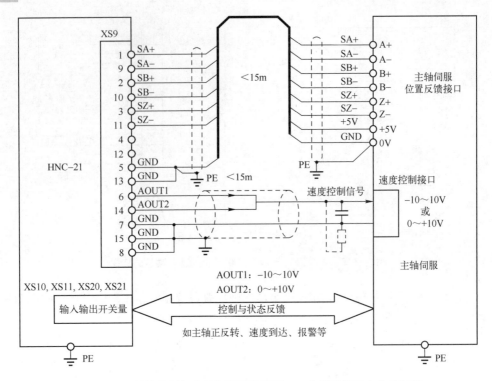

图 5-3-7　数控装置与主轴伺服的接线图——位置反馈来自主轴伺服

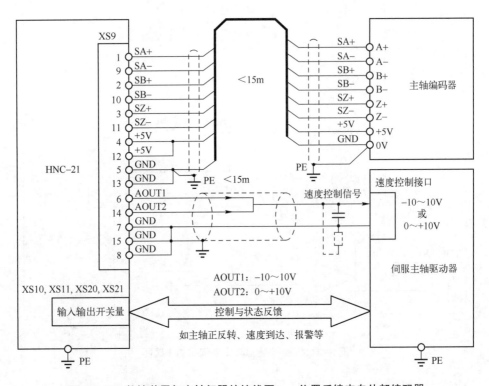

图 5-3-8　数控装置与主轴伺服的接线图——位置反馈来自外部编码器

6. 主轴准停控制

主轴准停指使主轴准确停止在某一固定位置，以便加工中心在该处换刀等操作。现代数控机床中，一般采用电气控制方式使主轴定向，只要数控装置发出 M19 主轴准停指令，主轴就能准确地定向。它是利用安装在主轴上的主轴位置编码器或接近开关（如磁性接近开关、光电开关等）作为位置反馈元件，控制主轴准确地停止在规定的位置上。

主轴准停控制，实际上是在主轴速度控制的基础上，增加一个位置控制环。图 5-3-9 所示分别为采用主轴位置编码器或磁性开关两种方案的原理图。采用磁性传感器时，磁性元件直接安装于主轴上，而磁性传感头则固定在主轴箱上，为减少干扰，磁性传感头与放大器之间的连线需采用屏蔽线，且连线越短越好。采用位置编码器时，若安装不方便，可通过 1:1 齿轮连接。这两种方案要依机床实际情况来选用。

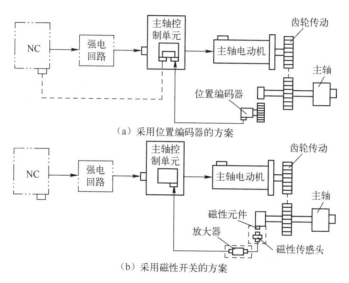

（a）采用位置编码器的方案

（b）采用磁性开关的方案

图 5-3-9　主轴准停控制原理图

主轴位置编码器的工作原理和光电脉冲编码器相同，但其线纹是 1024 条/周，经 4 倍频细分电路细分为 4096 个脉冲/转，输出信号幅值为 5 V。

项目六
电动刀架的调试

任务 6.1　认识电动刀架的电气控制原理

知识点：

- 电动刀架的基本构成。
- 电动刀架的电气控制原理。

任务描述

数控刀架安装在数控车床的滑板上。它上面可以装夹多把刀具，在加工中实现自动换刀，刀架的作用是装夹车刀、孔加工刀具及螺纹刀具并能准确迅速地选择刀具对工件进行切削。刀架滑板由纵向（Z 轴）滑板和横向（X 轴）滑板组成，Z 轴滑板安装在床身导轨上，可以沿床身纵向运动，横向滑板安装在纵向滑板上，能沿纵向滑板的导轨进行横向运动，刀架滑板的作用是安装在其上的刀架刀具在加工中实现纵向和横向的进给运动，如图 6-1-1 所示。本任务是通过操作数控车床刀架来学习数控车床刀架的电路，认识刀架的电气控制原理。

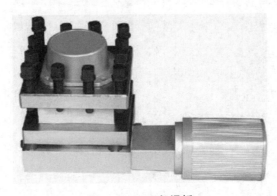

图 6-1-1　刀架滑板

任务分析

电动刀架是数控车床的重要组成部分。刀架故障是车床常见的故障之一。通过学习认识刀架的结构、电气控制原理，为进行刀架故障诊断奠定理论基础。

数控车床在使用过程中，通过 T 换刀指令代码或手动实现换刀。换刀的实质是刀架电动机旋转。那么如何实现刀架电动机的转动，如何保证每次换刀时电动机转到要求的刀位而停下来，如何实现刀架到位后可以锁紧呢？这些都是刀架的控制需要实现的问题。

相关知识

1. 数控车床的刀架分类

1）排刀式刀架

排刀式刀架一般用于小规格的数控车床，以加工棒料或盘类零件为主。在排刀式刀架中，夹持着各种不同用途的刀具沿着机床 X 坐标方向排列在横向滑板上。刀具的典型布置方式如图 6-1-2 所示。

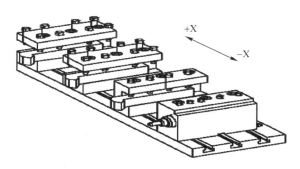

图 6-1-2 常见排刀式刀架

这种刀架在刀具布置和机床调整等方面都较为方便，可以根据具体工件的车削工艺要求，任意组合各种不同用途的刀具，一把刀具完成车削任务后，横向滑板只要按程序沿 X 轴移动预先设定的距离，第二把刀就到达加工位置，这样就完成了机床的换刀动作。这种换刀方式迅速省时，有利于提高机床的效率。

2）回转刀架

回转刀架是数控车床最常用的一种典型换刀刀架，是一种最简单的自动换刀装置。回转刀架上回转头的各刀座用于安装或支持各种不同用途的刀具，通过回转头的旋转、分度和定位，实现机床的自动换刀。回转刀架分度准确、定位可靠、重复定位精度高、转位速度快、夹紧性好，可以保障数控车床的高精度和高效率。回转刀架必须具有良好的强度和刚度，以承受粗加工的切削力；同时要保证回转刀架每次转位的重复定位精度。

数控机床使用的回转刀架是比较简单的自动换刀装置，常用的类型有四方刀架、六角刀架，即在其上装有四把、六把或更多的刀具。回转刀架根据刀架回转轴与安装地面的相对位置，又分为立式刀架和卧式刀架两种，立式回转轴垂直于机床主轴，多用于经济型数控车床，卧式回转刀架的回转轴平行于机床主轴，可径向与轴向安装刀具，如图 6-1-3 所示。

图 6-1-3　常见回转刀架结构

3）带刀库的自动换刀装置

上述排刀式刀架和回转刀架所安装的刀具都不可能太多，即使是装备两个刀架，对刀具的数目也有一定限制。当由于某种原因需要数量较多的刀具时，应采用带刀库的自动换刀装置。带刀库的自动换刀装置由刀库和刀具交换机构组成，如图 6-1-4 所示。

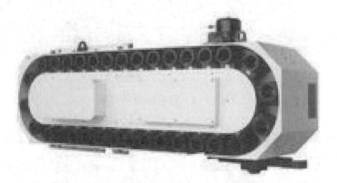

图 6-1-4　常见带刀库的换刀装置

2. 数控车床四工位刀架

1）换刀工作原理

按下换刀键或输入换刀指令后，电动机正转，并经联轴器，由滑键带动蜗杆、涡轮、轴、轴套转动。轴套的外圆上有两处凸起，可在套筒内孔中的螺旋槽内滑动，从而举起与套筒相连的刀架及上端齿盘，使齿盘与下端齿盘分开，完成刀架抬起动作。刀架抬起后，轴套仍在继续转动，同时带动刀架转过 90°（如不到位，刀架还可继续转位 180°、270°、360°），并由微动开关发出信号给数控装置。刀架转到位后，由微动开关的信号使电动机反转，利用定位销使刀架定位而不再随轴套回转，于是刀架向下移动，上下端齿盘合拢压紧。蜗杆继续转动并产生轴向位移，压缩弹簧，套筒的外圆曲面压缩开关使电动机停止旋转，从而完成一次转位。

对于四工位自动回转刀架来说，它最多装有 4 把刀具，微机系统控制的任务，就是选中任意一把刀具，让其回转到工作位置。现以其中任意一把刀具（如 1# 刀）为例简述刀架换刀的过程，如图 6-1-5 所示。

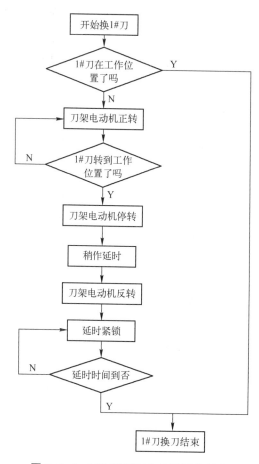

图 6-1-5　1# 刀转到工作位置的流程图

经济型数控车床刀架是在普通车床四方位刀架的基础上发展的一种自动换刀装置，其功能和普通四方位刀架一样：有 4 个刀位，能夹持 4 把不同功能的刀具，方刀架回转 90° 时，刀架交换一个刀位，但方刀架回转和刀位号的选择是由加工程序指令控制的。换刀时方刀架的动作顺序是：刀架抬起、刀架转位、刀架定位和夹紧。完成上述动作要求，要由相应的机构来实现，下面以四工位刀架为例说明其结构与原理，如图 6-1-6 所示。

该刀架可以安装 4 把不同的刀具，转位信号由加工程序指定。当换刀指令发出后，小型电动机 1 启动正转，通过平键套筒联轴器 2 使蜗杆轴 3 转动，从而带动蜗轮丝杠 4 转动。涡轮的上部外圆柱加工有外螺纹，所以该零件称为蜗轮丝杠。刀架体 7 内孔加工有内螺纹，与涡轮丝杠旋合。蜗轮丝杠与刀架中心轴外圆是滑动配合，在转位换刀时，中心轴固定不动，蜗轮丝杠环绕中心轴旋转。当涡轮开始旋转时，由于刀架底座 5 和刀架体 7 上的端面齿处在啮合状态，且涡轮丝杠轴向固定，这时刀架体 7 抬起。当刀架体抬至一定距离后，端面齿脱开。转位套 9 用销钉与蜗轮丝杠 4 连接，随蜗轮丝杠一同转动，当端面齿完全脱开，转位套正好转过 160°，球头销 8 在弹簧力的作用下进入转位套 9 的槽中，带动刀架体转位。刀架体 7 转动时带着电刷座 10 转动，当转到程序指定的刀号时，定位销 15 在弹簧力的作用下进入粗定位盘 6 中进行粗定位，同时电刷 13、14 接触导通，使电动机 1 反转，由于粗定位槽的限制，刀架体 7 不能转动，使其在该位置上垂直落下，刀架体 7 和刀架底座 5 上的端面齿黏合，实现精确定位。电动机继续反转，此时涡轮停止转动，蜗杆轴 3 继续转动，随着夹紧力的增加，转矩不断扩大，达到一定值时，在传感器控制下，电动机 1 停止转动。

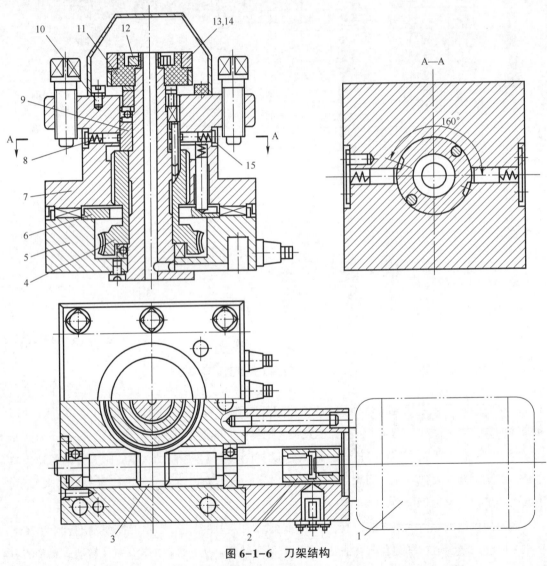

图 6-1-6　刀架结构

1—电动机；2—联轴器；3—蜗杆轴；4—蜗轮丝杠；5—刀架底座；6, 15—粗定位盘；
7—刀架体；8—球头销；9—转位套；10—电刷座；11—发信体；12—螺母；13, 14—电刷

译码装置由发信体 11、电刷 13、14 组成，电刷 13 负责发信，电刷 14 负责位置判断。刀架不定期会出现过位或不到位时，可松开螺母 12 调好发信体 11 与电刷 14 的相对位置。

这种刀架在经济型数控车床及普及车床的控制化改造中广泛运用。

2）四工位刀架电气接线原理图（见图6-1-7）

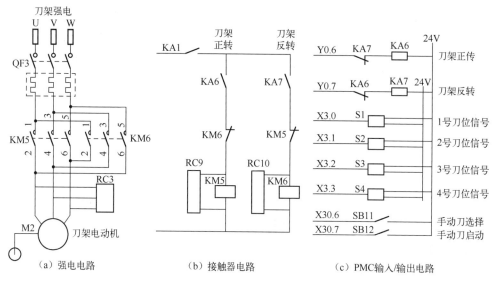

图 6-1-7　刀架控制接线回路

图中各器件的含义如表6-1-1所示。

表 6-1-1　器件的含义

序 号	名 称	含 义
1	M2	刀架电动机
2	QF3	刀架电动机带过载保护的电源空开
3	KM5、KM6	刀架电动机正、反转控制交流接触器
4	KA1	由急停控制的中间继电器
5	KA6、KA7	刀架电动机正、反转控制中间继电器
6	S1～S4	刀位检测霍尔开关
7	SB11	手动刀位选择按钮
8	SB12	手动换刀启动按钮
9	RC3	三相灭弧器
10	RC9、RC10	单相灭弧器

自动刀架控制涉及的 I/O 信号如下：

PLC 输入信号：

X3.0 ～ X3.3：1 ～ 4 号刀到位信号输入。

X30.6：手动刀位选择按钮信号输入。

X30.7：手动换刀启动按钮信号输入。

PLC 输出信号:

Y0.6:刀架正转继电器控制输出。

Y0.7:刀架反转继电器控制输出。

接线回路图简析:假设 PMC 输入/输出电路中输入 1#刀同时选择手动刀选择。这时,SB11 闭合 KA6 线圈得电反转 KA6 触点断开实现互锁。接触器回路中的 KA6 触点导通(KA1 始终处于闭合状态)KM5 线圈得电反转 KM5 反转触点断开实现双重互锁。刀架正转接触器回路导通,在强电回路的 KM5 主触点闭合刀架正转。当霍尔元件检测到 1#刀的到位信号时,刀架开始定位锁紧,电动机停转,换刀结束。其他 3 把刀换刀方式依此类推。

3)霍尔原理在刀架中运用的简单概述

精度是一台数控机床的生命,假如机床丧失了精度也就丧失了加工生产的意义了,数控机床精度的保障很大一部分源于霍尔元件的检测精准性。

在数控机床上常用到的是霍尔接近开关:霍尔元件是一种磁敏元件。利用霍尔元件做成的开关称为霍尔开关。当磁性物件移近霍尔开关时,开关检测面上的霍尔元件因产生霍尔效应而使开关内部电路状态发生变化,由此识别附近有磁性物体存在,进而控制开关的通或断。这种接近开关的检测对象必须是磁性物体。

用霍尔开关检测刀位。首先,得到换刀信号,即换刀开关接通。随后电动机通过驱动放大器正转,刀架抬起,电动机继续正转,刀架转过一个工位,霍尔元件检测是否为所需刀位,若是,则电动机停转延时再反转刀架下降压紧,若不是,电动机继续正转,刀架继续转位直至所需刀位,如图 6-1-8 所示。

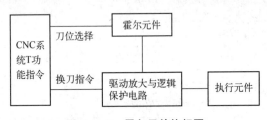

图 6-1-8 霍尔元件执行图

接通整个电路电源,将换刀开关置于自动挡,再按下开始开关进行换刀,正传线圈自锁,自动进行换刀。当转到所需刀位时,刀位对应霍尔元件自动断开,电动机停止正转。并接通反转电路,延时反转,刀架下降并压紧。

从执行图与分析中可以看出霍尔元件在数控机床中的重要作用。它不但起到了检测与反馈作用,而且也是数控机床精度可靠性的保障。

任务实施

1. 认识刀架

(1)观察刀架,认识刀架的组成;

(2)测绘刀架控制电路图;

（3）手动和自动方式操作刀架，观察刀架的运动过程，并作记录。

2. 刀架拆装

1）刀架拆卸

（1）拆下闷头，用内六角扳手顺时针转动蜗杆，使离合盘松开，其外形结构如图6-1-9所示。

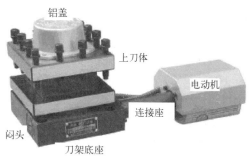

图 6-1-9　刀架外形图

（2）拆下铝盖、罩座。

（3）拆下刀位线，拆下小螺母，取出发信盘，如图6-1-10所示。

（4）拆下大螺母、止退圈，取出键、轴承。

（5）取下离合盘、离合销（球头销）及弹簧，如图6-1-11所示。

图 6-1-10　发信体

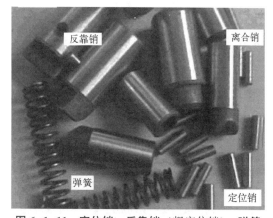

图 6-1-11　定位销、反靠销（粗定位销）、弹簧

（6）夹住反靠销逆时针旋转上刀体，取出上刀体，如图6-1-12所示。

（7）拆下电机罩、电动机、连接座、轴承盖、蜗杆。

（8）拆下螺钉，取出定轴、蜗轮、螺杆、轴承，如图6-1-13所示。

（9）拆下反靠盘、防护圈。

（10）拆下外齿圈。

2）装配顺序

（1）装配时所有零件清洗干净，传动部件上润滑脂。

（2）按拆卸反顺序装配。

图 6-1-12　上刀体（刀架体）

图 6-1-13　蜗轮丝杆

转动电动机，是否能轻松实现刀架抬起、刀架转位、刀架定位、刀架锁紧，若无法实现则未装配好，必须拆卸蜗轮丝杆、转位套、球头销、刀架体、定位销等重新装配。

任务 6.2　调试刀架的 PMC 程序

知识点：

- FANUC PMC 编程语言
- 电动刀架的 PMC 控制流程

任务描述

数控机床刀架属于辅助功能 M、S 信号处理，是由 PMC（PLC）控制的，不同的机床，厂家可能编写不同的 PMC 主轴控制程序。根据刀架功能的多少，在功能上也有很大的差别。本任务根据刀架的输入/输出分配和外围接线，编写并调试对应的刀架控制程序。并且可以对所编写的 PMC 程序进行备份与恢复。

任务分析

数控车床对刀时，在 MDI 方式下输入刀号完成换刀；在自动加工时，是在加工程序中输入刀号，完成换刀。这两种换刀方式都是 CNC 向 PMC 发出换刀指令，由 PMC 控制外部设备动作。本次任务是编写和调试可编程控制器（PMC）实现自动换刀的梯图。

1. 控制要求

（1）输入换刀指令后电动刀架能实现正转寻找刀位信号，到达刀位后刀架反转锁紧。

（2）反转时间要适当，时间太短刀架不能锁紧，太长对刀架电动机有损害。

2. 刀架的动作顺序

换刀信号→电动机正转→上刀体转位→到位信号→电动机反转→粗定位→粗定位夹紧→电动机停转→回答信号→加工顺序进行。

由于电动刀架霍尔开关的驱动能力有限，数控系统不能识别对应的刀位信号，一般需要通过继电器模块进行电平转换。

3. 刀架的 PMC 控制框图

刀架的 PMC 控制框图如图 6-2-1 所示。

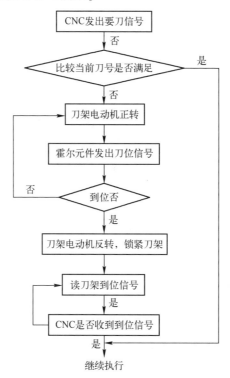

图 6-2-1 刀架 PMC 控制框图

相关知识

1. FANUC PMC 构成

数控系统控制数控机床主要做两类工作：一是工件与刀具按照事先指定的轨迹和速度做精确相对运动；二是完成机械手换刀、工件卡紧、冷却等辅助工作。

工作一由伺服驱动完成，而工作二由 PMC 和接口电路完成。这一部分由下面 3 个主要部分组成：

1）PMC

PMC（Programmable machine controller，可编程控制器）通过 PMC 程序控制 NC 与机床接口的输入/输出信号。可编程控制器在其他工业自动化领域称为 PLC，FANUC 公司为了将自己的数控系统内装式 PLC 有别于通用的 PLC，将其命名为 PMC。

FANUC PMC 主要是以软件的方式嵌入数控系统，而 PMC 软件又包含两部分内容：一部分是 PMC 系统软件，这部分是 FANUC 公司开发的系统软件；另一部分是 PMC 用户软件，这部分是机床厂根据机床具体情况要求编辑的梯图程序。这两部分程序最终都存储在 F-ROM 中。

2）I/O 接口电路

I/O 接口电路接收和发送机床输入和输出的开关信号或模拟信号。是 PMC 信号输入/输出的硬件载体。

3）执行元件

执行元件包括电磁阀、接近开关、按钮、传感器等。

PMC 梯图与接口电路和执行元件的关系如图 6-2-2 所示。

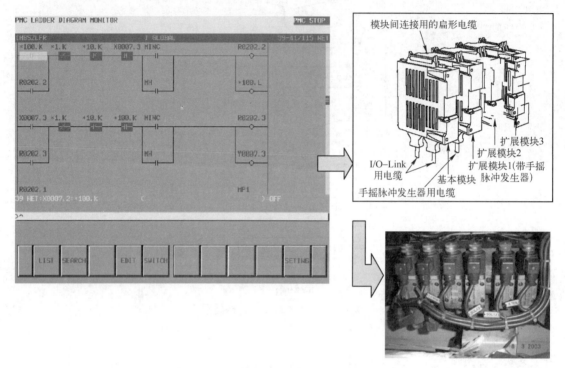

图 6-2-2　PMC 梯图与接口电路和执行元件的关系

FANUC I/O 接口控制的实现过程：CNC 指令→PMC 处理→I/O 电路→外围设备。其中，PMC 的工作原理与工业自动化领域中的 PLC（可编程逻辑控制器）是完全相同的，由于在 PMC 中含有许多 FANUC 公司为数控机床开发的"功能指令"模块，另外 PMC 的硬件支撑也是 FANUC 公司为此搭载专用电路，所以 FANUC 公司为了将其有别于通用的 PLC，称其为 PMC。

2. PMC 地址分配

PMC 作为 CNC 与机床（MT，Machine Tool）之间的转换电路，既要与 CNC 进行信号交换，又要与机床外围开关进行信号交换。另外，PMC 本身还存在内部中间继电器（Internal relay）、计数器（Counter）、保持型继电器（Keep relay）、数据表（Data sheet）、时间变量，它们之间的相互关系如图 6-2-3 所示。

高速处理信号包括（不经过 PMC）＊DECn、＊ESP、SKIP、XAE、YAE、ZAE（M 系）＊DECn、＊ESP、SKIP、XAE、ZAE、+MITn（T 系）。

地址分配：

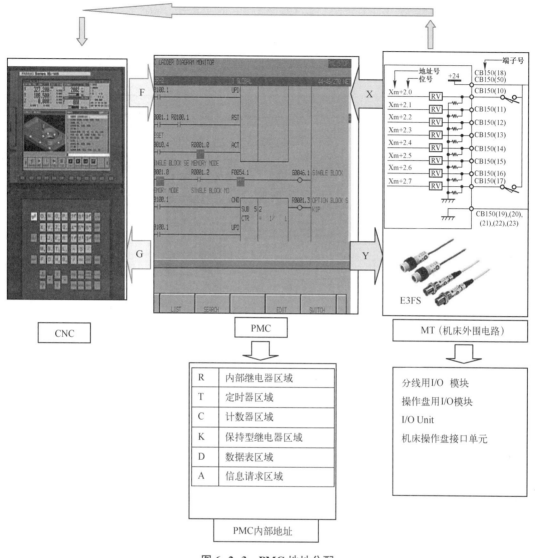

图 6-2-3 PMC 地址分配

- X —— MT 输入到 PMC 的信号，如接近开关、急停输入信号等。
- Y —— PMC 输出到 MT 的信号，如电磁阀、灯等执行元件。
- F —— CNC 输入到 PMC 的信号，FANUC 定义的内部地址，如 CNC 输入到 PMC 的代码指令，如 M 代码（地址 F10 ～ F13）、T 代码（地址 F26 ～ F29）、系统准备信号 MA（地址 F1.7）、伺服准备信号 SA（地址 F0.6）等。
- G —— PMC 输出到 CNC 的信号，该信号是经过 PMC 处理后通知到 CNC 的信号，FANUC 定义的内部地址，如自动运转启动信号 ST（G7.2）、串行主轴正转信号 SFRA（G70.5）、串行主轴反转信号 SRVA（G70.4）、串行主轴停止 ＊ SSTP（G29.6）。

注意：所谓的"输入""输出"，立场一定是站在 PMC 上看，对于 PMC 来说，从机床输入的是 X 地址，输出的是 Y 地址。从 CNC 输入的是 F 地址，输出到 CNC 的是 G 地址。

地址 R（Register）、T（Timer）、C（Counter）、K（Keep Relay）、D（Data Sheet）、A（Alarm Message）是 PMC 程序使用的内部地址。

PMC 地址分配表见表 6-2-1。

表 6-2-1　PMC 地址分配表

记　号	种　类	地　址　号	内　容	备　注
X	机床→PMC	X0～X127	来自 I/O 的输入信号	
Y	PMC→机床	Y0～Y127	对 I/O 的输出信号	
G	PMC→CNC	G0～G255	普通输入信号或对第 1 系统侧的输入信号（PMC-SB5）	
		G0～G511	普通输入信号或对第 1 系统侧的输入信号（PMC-SB6）	
		G1000～G1255	对第 2 系统侧的输入信号（PMC-SB5）	
		G1000～G1511	对第 2 系统侧的输入信号（PMC-SB6）	
F	CNC→PMC	F0～F255	普通输出信号或来自第 1 系统侧的输出信号（PMC-SB5）	非保持型存储器
		F0～F511	普通输出信号或来自第 1 系统侧的输出信号（PMC-SB6）	
		F1000～F1255	来自第 2 系统侧的输出信号（PMC-SB5）	
		F1000～F1511	来自第 2 系统侧的输出信号（PMC-SB6）	
R	内部继电器区域或作业区域系统保留区	R0～R1499	PMC-SB5	
		R0～R2999	PMC-SB6	
		R9000～R9117	PMC-SB5	
		R9000～R9199	PMC-SB6	
T	定时器区域	T0～T79	PMC-SB5	
		T0～T299	PMC-SB6	
C	计数器区域	C0～C79	PMC-SB5	
		C0～C199	PMC-SB6	
K	保持型继电器区域	K0～K15	PMC-SB5	保持型存储器
		K0～K15，K17～K39	PMC-SB6	
		K16～K39	PMC-SB5	
	系统保留区域	K16，K900～K909	PMC-SB6	
D	数据表区域	D0～D2999	PMC-SB5	
		D0～D7999	PMC-SB6	
A	信息请求区域	A0～A24	PMC-SB5	
		A0～A124	PMC-SB6	
L	标号指定号	L1～L9999	PMC-SB5/SB6	非保持型存储器
P	子程序号	P1～P512	PMC-SB5	
		P1～P2000	PMC-SB6	

注：表中 PMC-SBx 为 PMC 版本号，目前 FANUC 0iC 使用 SB-7 版 PMC。

CNC 与 PMC 之间的地址——G 地址、F 地址是 FANUC 公司已经定义好的，机床厂在使用时只能根据 FANUC 公司提供的地址表"对号入座"，所以我们在使用中，查看 FANUC 标准地址表即可。

FANUC i 系列常用地址见表 6-2-2。

表 6-2-2　FANUC i 系列常用地址

信号 地址	16/18/21/0i/PM	
	T	M
自动循环启动：ST	G7/2	G7/2
进给暂停：∗SP	G8/5	G8/5
方式选择：MD1，MD2，MD4	G43/0. 1. 2	G43/0. 1. 2
进给轴方向：+X，−X，+Y，−Y， +Z，−Z，+4，−4（0 系统） +J1，+J2，+J3，+J4 −J1，−J2，−J3，−J4（16 系统类）	G100/0. 1. 2. 3	G102/0. 1. 2. 3
手动快速进给：RT	G19/7	G19/7
手摇进给轴选择/快速倍率： HX/ROV1，HY/ROV2，HZ/DRN，H4 （0 系统）HS1A—JS1D（16 系统类）	G18/0. 1. 2. 3	G18/0. 1. 2. 3
手摇进给轴选择/空运行： HZ/DRN（0）；DRN（16）	G46/7	G46/7
手摇进给/增量进给倍率： MP1，MP2	G19/4. 5	G19/4. 5
单程序段运行：SBK	G46/1	G46/1
程序段选跳：BDT	G44/0；G45	G44/0；G45
零点返回：ZRN	G43/7	G43/7
回零点减速： ∗DECX，∗DECY，∗DECZ，∗DEC4	X9/0. 1. 2. 3	X9/0. 1. 2. 3
机床锁住：MLK	G44/1	G44/1
急停：　　∗ESP	G8/4	G8/4
进给暂停中：SPL	F0/4	F0/4
自动循环启动灯：STL	F0/5	F0/5
回零点结束： ZPX，ZPY，ZPZ，ZP4（0 系统）； ZP1，ZP2，ZP3，ZP4（16 系统类）	F94/0. 1. 2. 3	F94/0. 1. 2. 3
进给倍率： ∗OV1，∗OV2，∗OV4，∗OV8（0 系统） ∗FV0～∗FV7（16 系统类）	G12	G12
手动进给倍率： ∗JV0～∗JV15（16 系统类）	F79，F80	F79，F80
进给锁住：　　∗IT	G8/0	G8/0
进给轴分别锁住： ∗ITX，∗ITY，∗ITZ，∗IT4（0 系统） ∗IT1～∗∗IT4（16）	G130/0. 1. 2. 3	G130/0. 1. 2. 3
各轴各方向锁住： +MIT1～+MIT4；（−MIT1）～（−MIT4）	X1004/2～5	G132/0. 1. 2. 3 G134/0. 1. 2. 3

信号 地址	16/18/21/0i/PM	
	T	M
启动锁住：STLK	G7/1	
辅助功能锁住：AFL	G5/6	G5/6
M 功能代码：M00～M31	F10～F13	F10～F13
M00，M01，M02，M30 代码	F9/4.5.6.7	F9/4.5.6.7
M 功能（读 M 代码）：MF	F7/0	F7/0
进给分配结束：DEN	F1/3	F1/3
S 功能代码：S00～S31	F22～F25	F22～F25
S 功能（读 S 代码）：SF	F7/2	F7/2
T 功能代码：T00～T31	F26～F29	F26～F29
T 功能（读 M 代码）：TF	F7/3	F7/3
辅助功能结束信号：MFIN	G5/0	G5/0
刀具功能结束信号：TFIN	G5/3	G5/3
结束：FIN	G4/3	G4/3
倍率无效：OVC	G6/4	G6/4
外部复位：ERS	G8/7	G8/7
复位：RST	F1/1	F1/1
NC 准备好：MA	F1/7	F1/7
伺服准备好：SA	F0/6	F0/6
自动（存储器）方式运行：OP	F0/7	F0/7
程序保护：KEY	F46/3.4.5.6	F46/3.4.5.6
工件号检：PN1，PN2，PN4，PN8，PN16	G9/0～4	G9/0～4
外部动作指令：EF	F8/0	F8/0
进给轴硬超程： * +LX，* +LY，* +LZ，* +L4；* -LX，* -LY，* -LZ，* -L4（0），* +L1～* +L4；* -L1～* -L4（16）	G114/0.1.2.3 G116/0.1.2.3	G114/0.1.2.3 G116/0.1.2.3
伺服断开： SVFX，SVFY，SVFZ，SVF4	G126/0.1.2.3	G126/0.1.2.3
位置跟踪：* FLWU	G7/5	G7/5
位置误差检测：SMZ	G53/6	
手动绝对值：* ABSM	G6/2	G6/2
镜像：MIRX，MIRYMIR4	G106/0.1.2.3	G106/0.1.2.3
螺纹倒角：CDZ	G53/7	
系统报警：AL	F1/0	F1/0
电池报警：BAL	F1/2	F1/2
DNC 加工：DNCI	G43/5	G43/5
跳转：SKIP	X4/7	X4/7

续表

信号 / 地址	16/18/21/0i/PM	
	T	M
主轴转速到达： SAR	G29/4	G29/4
主轴停止转动： *SSTP	G29/6	G29/6
主轴定向： SOR	G29/5	G29/5
主轴转速倍率：SOV0～SOV7	G30	G30
主轴换挡： GR1，GR2（T）GR1O，GR2O，GR3O（M）	G28/1.2	F34/0.1.2
串行主轴正转： SFRA	G70/5	G70/5
串行主轴反转： SRVA	G70/4	G70/4
S12 位代码输出： R01O～R12O	F36；F37	F36；F37
S12 位代码输入： R01I～R12I	G32；G33	G32；G33
SSIN	G33/6	G33/6
SGN	G33/5	G33/5
机床就绪： MRDY（参数设）	G70/7	G70/7
主轴急停：*ESPA	G71/1	G71/1
定向指令：ORCMA	G70/6	G70/6
定向完成：ORARA	F45/7	F45/7

对于 PMC 与机床间的信号（X、Y），除个别信号被 FANUC 公司定义之外，绝大多数地址可以由机床制造商自行定义。所以对于 X、Y 地址的含义，必须参见机床厂提供的技术资料。

下面信号作为高速信号由 CNC 直接读取，不经过 PMC 进行处理。

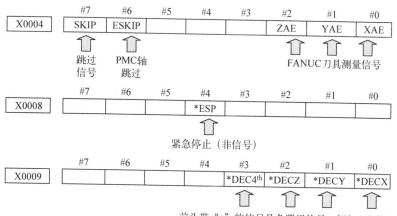

从 PMC 送到机床的信号地址用 Y 表示，这些信号的地址可任意指定。

3. PMC 周期

FANUC PMC 分为高速扫描区（LEVEL1，第 1 级）和通常顺序扫描区（LEVEL2，第 2 级），并用功能指令 END1 和 END2 分别结束两个区域的程序，某些版本的 PMC 使用了 END3 处理中断级别更低（LEVEL3，第 3 级）的程序。

它的分级原则是：将一些与安全相关的信号放入高速扫描区域，如急停处理、轴互锁等。将其他逻辑程序放在通用顺序扫描区，如果版本功能具有 END3，则将 PMC 报警显示放到第三级中，如图 6-2-4 所示。

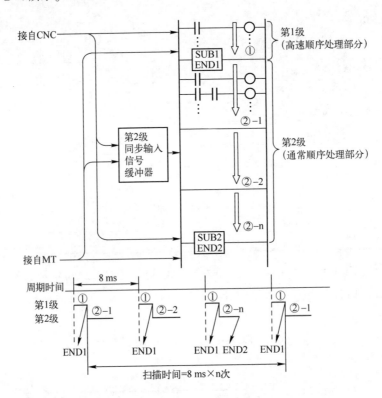

图 6-2-4　PMC 扫描周期

第 1 级部分：每 8 ms（PMC 的最短执行时间）执行一次扫描，PMC-SB7 基本指令执行时间为：0.033 μs/step。

第 2 级部分：第 1 级结束（读取 END1）后继续执行。

但是，通常第 2 级的步数较多，在第 1 个 8 ms 中不能全部处理完。所以在每个 8 ms 中顺序执行第 2 级的一部分，直至执行到第 2 级的终了（读取 END2）。在其后的 8 ms 时间中再次从第 2 级的开头重复执行。

我们需要关注的是，不同版本的 PMC 处理梯图的能力和速度是不同的，不同版本的 PMC 也不能轻易地相互替代，必须做必要的代码转换，在我们维修调试和日常数据备份时应有所了解，如果处理不当，会导致 PMC 无法正常工作。

　　PMC 与数控系统的内部地址是用户需要了解的重点，特别是对 G 地址的熟悉程度，将对今后的维修诊断有直接帮助。

　　简而言之，用户需要重点掌握的是 CNC、PMC 与外围电路的关系，如图 6-2-5 所示。

图 6-2-5　CNC、PMC 与外围电路关系

　　如果用户在排查故障时，可以熟悉地根据 G 地址进行诊断，则用户对接口电路的诊断就是用"治本"的方法来维修设备。例如系统出现"紧急停止"，一般现场人员习惯检查外围硬件开关故障，当检查紧急停止开关没有问题、超程开关没有问题，则没有办法了。实际上，如果用户从 G8.4 开始查找，很快可以发现问题的原因。

任务实施

1. PMC 数据备份

　　（1）开机后按 键两次，进入设定界面。

　　（2）将 I/O 通道数设为 4 I/O 通道　　＝ 4（0-35：通道号）。

　　（3）关机，将 C-F 卡　正确放置。按住屏幕右下方两个软键　　再按开机键，进入引导画面。

　　（4）移动光标到第六项 6. SYSTEM DATA SAVE ，按 [SELECT] 键，选择 47 PMC1　　（0001）备份梯图。

2. 进入梯图编辑画面

　　（1）开机后按 键两次，进入设定界面。

　　（2）打开参数写入开关 写参数　　＝1（0：不可以　　1：可以）。

　　（3）机床要在 方式下，输入 3208，按 号搜索 ，找到 3208 号参数 ，把 SKY 设置为 0，系统键 有效。

　　（4）按 键，进入参数画面，按 翻页，找到 PMC 画面 PMCMNT PMCLAD PMCCNF PM. MGR （操作），按 PMCLAD 显示梯图程序。

　　（5）按 梯形图 键，梯图全屏显示。按 （操作）键，再按 梯形图 键，进入编辑画面。

3. 梯图程序的编辑

　　（1）进入编辑画面后，按 缩放 键，进行程序编辑。

　　（2）基本输入/输出指令。

输入继电器	输出继电器
─┤├─	─○─
─┤/├─	─○○─

输入继电器	输出继电器
	─Ⓢ─
	─Ⓡ─

（3）梯图程序编辑完成后，按 结束 键，把程序保存到 F-ROM。

4. 调试刀架的 PMC 程序

（1）调试手动及自动换刀的 PMC 程序。

（2）通过对刀位检测信号的屏蔽，观察换刀故障的现象，排除故障。

（3）手动方式，检查换刀过程及程序的监测。

（4）在 MDI 方式，检查换刀过程及程序的监测。

（5）调整换刀反转延时的时间，观察刀架的运行变化。

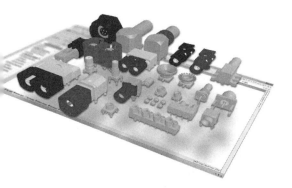

项目七
FANUC 系统诊断画面的应用

任务 7.1　认识系统的诊断画面

知识点：

- 系统诊断画面的作用
- 诊断画面的内容

任务描述

数控机床在运行过程中，数控系统会不断进行自检，并通过诊断号的状态反映出来。如何进入数控系统的诊断画面，诊断画面又包含哪些内容？本任务就是通过在显示器上的操作，来认识数控系统的诊断画面。并且可以通过伺服诊断画面来观察报警号，通过报警号对机床进行诊断。

任务分析

诊断画面是数控机床故障诊断的常用方法之一，它也是数控维修人员需要掌握的基本技能。本任务主要解决如何调用诊断画面，并能描述诊断号所表达的含义。

相关知识

1. 进入 CNC 诊断画面

（1）按 SYSTEM 键 ⇧

（2）按 "诊断" 键 [参数 诊断 FMC 系统 〈操作〉 ▶]

（3）进入图 7-1-1 和图 7-1-2 所示画面。

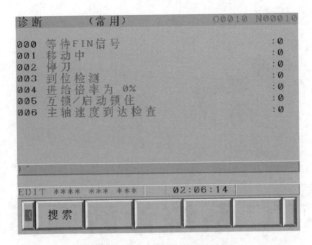

图 7-1-1　CNC 常用诊断画面 1

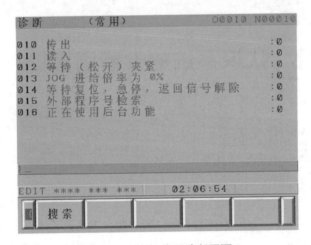

图 7-1-2　CNC 常用诊断画面 2

2. CNC 诊断（常用信号）000 ～ 016 的含义

CNC 诊断画面常用信号第 1 页、第 2 页 000 ～ 016 是与自动运行有关的监控信号，当 000 ～ 016 中任何一位为 1 的时候，均会影响程序的自动运行。具体每一位的含义如下：

（1）等待 FIN 信号。

| 000　等待FIN信号 | :0 |

含义：在执行辅助功能——M 功能、S 功能、T 功能 B 功能后，等待这些辅助功能完成信号。如果该状态位 = 1，表明程序在自动运行中中断，等待辅助功能完成信号。

检查 FIN 信号的步骤如下：

① 确认辅助功能的接口种类，检查参数。

	#7	#6	#5	#4	#3	#2	#1	#0
30001	HSIF							

#7（HSIF）：为 0 时，M/S/T/B 功能为普通接口；为 1 时，M/S/T/B 功能为高速接口。

② 检查 PMC—CNC 之间的输入/输出信号。

对于铣床系统 <M> 系列，查看下列 PMC 地址：

	#7	#6	#5	#4	#3	#2	#1	#0
G0004					FIN			

#3（FIN）当诊断画面 G4.3 为 1 时，表明执行辅助功能完成。

	#7	#6	#5	#4	#3	#2	#1	#0
G0005	BFIN				TFIN	SFIN		MFIN

#0（MFIN）：M 功能结束信号。

#2（SFIN）：S 功能结束信号。

#3（TFIN）：T 功能结束信号。

#7（BFIN）：第二辅助功能结束信号。

	#7	#6	#5	#4	#3	#2	#1	#0
F0007	BF				TF	SF		MF

#0（MF）：M 功能选通脉冲信号。

#2（SF）：S 功能选通脉冲信号。

#3（TF）：T 功能选通脉冲信号。

#7（BF）：第二辅助功能选通脉冲信号。

对于车床系统 <T> 系列，查看下列 PMC 地址：

	#7	#6	#5	#4	#3	#2	#1	#0
G0005				BFIN	TFIN	SFIN		MFIN

#0（MFIN）：M 功能结束信号。

#2（SFIN）：S 功能结束信号。

#3（TFIN）：T 功能结束信号。

#4（BFIN）：第二辅助功能结束信号。

	#7	#6	#5	#4	#3	#2	#1	#0
F0007				BF	TF	SF		MF

#0（MF）：M 功能选通脉冲信号。

#2（SF）：S 功能选通脉冲信号。

#3（TF）：T 功能选通脉冲信号。

#4（BF）：第二辅助功能选通脉冲信号。

对于车床和铣床<T/M>系统共有的 PMC 地址：

	#7	#6	#5	#4	#3	#2	#1	#0
G0004			MFIN3	MFIN2				

#4（MFIN2）：第 2M 功能结束信号。

#5（MFIN3）：第 3M 功能结束信号。

	#7	#6	#5	#4	#3	#2	#1	#0
F0008			MF3	MF2				

#4（MF2）：第 2M 功能选通脉冲信号。

#5（MF3）：第 3M 功能选通脉冲信号。

第 2M、第 3M 功能只有在参数 M3B（#3404 b7＝1）为 1 时有效。

信　号	结　束　状　态	
辅助功能结束信号	0	1
辅助功能选通脉冲信号	0	1

（2）正在执行自动运行中的轴移动指令：

001　移动中　　　　　　　　　　　　　　　：0

当 001 为"1"时，表明 CNC 正在读取程序中轴移动指令（x,y,z）并给相应的轴发指令。

（3）正在执行暂停指令 G04：

002　停刀　　　　　　　　　　　　　　　　：0

当 002 为"1"时，CNC 正在读取程序中的暂停指令（G04），并正在执行暂停指令。

（4）正处在到位检测中：

003　到位检测　　　　　　　　　　　　　：0

当 003 为"1"时，表示指定轴的定位（G00）还没有到达指令位置。

定位是否结束，可以通过检查伺服的位置偏差量来确认，检查 CNC 的诊断功能如下：

诊断号 300 位置偏差量＞参数 NO.1826 到位宽度。

轴定位结束时，位置偏差量几乎为 0，若其值在参数设定的到位宽度之内，则定位结束，执行下个程序段。若其值不在到位宽度之内，则出现报警，可参照伺服报警 400，4n0，4n1 项进行检查。

（5）进给倍率为 0%。

004　进给倍率为 0%　　　　　　　　　　　：0

当 004 为"1"时，表明此时进给倍率为 0。对于程序指令的进给速度，用下面的倍率信号计算实际的进给速度。利用 PMC 的诊断功能（PMC DGN）确认信号的状态。

<倍率信号>

G0012	#7 * FV7	#6 * FV6	#5 * FV5	#4 * FV4	#3 * FV3	#2 * FV2	#1 * FV1	#0 * FV0

* FVn：切削进给倍率

* FV7	* FV6	* FV5	* FV4	* FV3	* FV2	* FV1	* FV0	倍率
1	1	1	1	1	1	1	1	0%
1	1	1	1	1	1	1	0	1%
			……					……
1	0	0	1	1	0	1	1	100%
			……					……
0	0	0	0	0	0	0	1	254%
0	0	0	0	0	0	0	0	0%

G0013	#7 * AV7	#6 * AV6	#5 * AV5	#4 * AV4	#3 * AV3	#2 * AV2	#1 * AV1	#0 * AV0

* AVn：第二进给速度倍率

<倍率信号的状态>

* AV7	* AV6	* AV5	* AV4	* AV3	* AV2	* AV1	* AV0	倍率
1	1	1	1	1	1	1	1	0%
1	1	1	1	1	1	1	0	0%
			……					……
1	0	0	1	1	0	1	1	100%
			……					……
0	0	0	0	0	0	0	1	254%
0	0	0	0	0	0	0	0	0%

（6）输入了互锁信号。

００５　互锁／启动锁住　　　　　　　　　　　　　　　　　：０

当 005 为 "1" 时，表明 CNC 收到了机床互锁信号（从 PMC 发出）。对于 <T> 系列，输入了互锁信号的地址如下：

G0007	#7	#6	#5	#4	#3	#2	#1 STLK	#0

#1（STLK）为 "1" 时，从 PMC 输入了启动锁住信号。对于 T 系列/M 系列通用，有下述几种互锁信号：

① 输入了轴互锁信号（所有轴互锁）。

	#7	#6	#5	#4	#3	#2	#1	#0
G0008								* IT

当 * IT=0 时，从 PMC 向 NC 输入了轴互锁信号，禁止所有轴移动。

② 输入了各轴互锁信号（指定某一个轴互锁）。

	#7	#6	#5	#4	#3	#2	#1	#0
G0130					* IT4	* IT3	* IT2	* IT1

当 * ITn=0 时，从 PMC 向 NC 输入了轴互锁信号，禁止某一轴移动。

* IT1 代表第一轴（X 轴），* IT2 代表第二轴（Y 轴），* IT3 代表第三轴（Z 轴）* IT4 代表第四轴（B 轴）等。

③ 输入了各轴方向性互锁信号（指定某一个轴单方向互锁）。

对于车床系列（T 系列）：

	#7	#6	#5	#4	#3	#2	#1	#0
X1004			−MIT2	+MIT2	−MIT1	+MIT1		

±MITn 为 "1" 时，相对应的轴方向输入了互锁信号。

注意： 对于 T 系列，只在手动运行时，±MITn 有效。

④ 对于脱开功能有效的轴（采用 SV−OFF 和 FOLLOW−UP 功能，将伺服关断，通过转动机械手轮使进给轴移动），进行轴移动指令。各轴启动了机械手轮功能，指定了机械手轮轴的运行。当 CNC 参数 1005#7 = 1 时该功能有效。

无论此功能是否起作用，可使用 PMC 的诊断功能（PMCDGN）确认以下信号，检查相关的轴。

	#7	#6	#5	#4	#3	#2	#1	#0
F0110	MDTCH8	MDTCH7	MDTCH6	MDTCH5	MDTCH4	MDTCH3	MDTCH2	MDTCH1

当 MDTCHn = 1 时，机械手轮有效，有下列 PMC 信号或通过 CNC 参数设定来使轴机械手轮功能有效，按照以下步骤检查。

控制轴机械手轮信号输入 DTCHn：

	#7	#6	#5	#4	#3	#2	#1	#0
G0124	DTCH8	DTCH7	DTCH6	DTCH5	DTCH4	DTCH3	DTCH2	DTCH1

如果 DTCHn = 1，相应轴机械手轮有效，如 DTCH1 = 1，一般代表 X 轴机械手轮输入有效。

FANUC 20T 系统常使用机械手轮功能。

确认参数 12#：

0012	#7	#6	#5	#4	#3	#2	#1	#0
	RMVx							

#7（RMVx）：为 0 时，控制轴连接；为 1 时，控制轴机械手轮方式。

由于互锁功能有多种，机床厂家使用哪一种可用参数表选择。首先，确认下面的参数。

3003	#7	#6	#5	#4	#3	#2	#1	#0
				DAU	DIT	ITX		ITL

#0（ITL）= 0：互锁信号（＊IT）有效。

#2（ITX）= 0：互锁信号（＊ITn）有效。

#3（DIT）= 0：互锁信号（+/-MITn）有效。

#4（DAU）= 1：互锁信号（+/-MITn）在自动和手动方式都有效。

（7）CNC 等待输入主轴速度到达信号：

006　主轴速度到达检查　　　　　　　　　　　　　　：0

该信号置为"1"时，表明 CNC 系统等待主轴实际速度到达程序指令速度，可以通过 PMC 接口诊断画面确认信号状态，当 G29.4＝1 时，表明实际主轴速度到达指令转速。

G0029	#7	#6	#5	#4	#3	#2	#1	#0
				SAR				

注意：实现该功能应具备两个条件；第一，参数 3708# b0＝1，第二，梯图必须处理 G29.4。

（8）FALSH 卡接口或 RS232-C 正在输出数据（参数、程序）：

010　传出　　　　　　　　　　　　　　　　　　　：0

当 010 为"1"时，说明当前 CNC 正在输出如程序、参数等数据，此时高级中断让给数据传送，机床不执行移动指令。

（9）FALSH 卡接口或 RS232-C 正在输入数据（参数、程序）：

011　读入　　　　　　　　　　　　　　　　　　　：0

当 011 为"1"时，说明当前 CNC 正在输入如程序、参数等数据，此时高级中断让给数据传送，机床不执行移动指令。

（10）等待松开/夹紧信号：

012　等待（松开）夹紧　　　　　　　　　　　　　：0

当 012 为"1"时，机床等待卡盘或转台夹紧或松开到位信号。

（11）手动进给速度倍率为"0"（空运行）：

013　JOG 进给倍率为 0%　　　　　　　　　　　　：0

通常手动进给速度倍率功能在手动连续进给（JOG）时使用，但在自动运行中（MEM 状态），空运行信号 DRN=1 时，用参数设定的进给速度与用本信号设定的倍率值计算的进给速度有效。

条件：

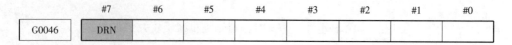

	#7	#6	#5	#4	#3	#2	#1	#0
G0046	DRN							

b7=1 时，空运行有效。

参数	1410	空运行速度

设定下面的倍率信号为 100% 的速度：

	#7	#6	#5	#4	#3	#2	#1	#0
G0010	*FV7	*FV6	*FV5	*FV4	*FV3	*FV2	*FV1	*FV0

	#7	#6	#5	#4	#3	#2	#1	#0
G0011	*FV15	*FV14	*FV13	*FV12	*FV11	*FV10	*FV9	*FV8

倍率为 0 时，上述地址 G10，G11 全部为[11111111]或[00000000]。

*FV15	…	…	…	…	…	…	…	…	…	…	…	…	…	…	*FV0	倍　率
1	1	1	1	1	1	1	1	1	1	1	1	1	1	1	1	0.00%
1	1	1	1	1	1	1	1	1	1	1	1	1	1	1	0	0.01%
			…	…												……
1	1	0	1	1	0	0	0	1	1	1	0	1	1	1	1	100%
			…	…												……
0	0	0	0	0	0	0	0	0	0	0	0	0	0	0	1	655.34%
0	0	0	0	0	0	0	0	0	0	0	0	0	0	0	0	0%

（12）CNC 处于复位状态：

014 等待复位，急停，返回信号解除　　　　:0

当 014 为"1"时，表明有"RESET""*ESP""RRW"进入 NC，使程序退出。主要有下面几种情况会造成程序退出；

① 在前述的（1）项的状态，在显示器上也显示"RESET"故可按（1）项进行检查。

② 如果在执行快速进给定位（G00）不动作时从下面的参数及 PMC 信号进行检查。快速进给速度的设定值，检查参数和 PMC 地址如下：

1420	各轴的快速进给速度

检查有关快速进给倍率信号：

	#7	#6	#5	#4	#3	#2	#1	#0
G0014							ROV1	ROV1

ROV1	ROV2	倍　率
0	0	100%
1	1	50%
0	1	25%
1	1	F0

	#7	#6	#5	#4	#3	#2	#1	#0
G0096	HROV	* HROV6	* HROV5	* HROV4	* HROV3	* HROV2	* HROV1	* HROV0

* HRV6	* HRV5	* HRV4	* HRV3	* HRV2	* HRV1	* HRV0	倍率
1	1	1	1	1	1	1	0%
1	1	1	1	1	1	0	1%
……	……	……	……	……	……	……	……
0	0	1	1	0	1	1	100%

参数　| 1421 |　各轴的快速进给倍率的 F0 速度

③ 如果只是在切削进给（非 G00）轴不移动时，检查下面参数：

最大切削进给速度的参数设定有误：

参数　| 1422 |　最大切削进给速度

切削进给速度被钳制在上限速度上。

④ 对于车床，如果采用每转进给，此时进给轴不移动，请检查下面原因：

a. 位置编码器不转。检查主轴与位置编码器的连接是否存在问题。可能存在以下不良情况：

● 同步皮带断了。

● 键掉了。

● 联轴节松动了。

● 信号电缆的插头松脱。

b. 位置编码器不良。

⑤ 螺纹切削指令不执行。

a. 位置编码器不转。检查主轴与位置编码器的连接是否有问题。可能存在以下不良情况：

● 同步皮带断了。

● 键掉了。

● 联轴节松动了。

● 信号电缆的插头松脱。

b. 位置编码器不良。

● 使用串行主轴时，位置编码器与主轴放大器相连。

● 使用模拟接口时，位置编码器与 CNC 相连。

c. 对于<T>系列，确认是否能够正确读取来自主轴位置编码器的 A/B 相信号，可以用画面显示的（位置画面）主轴实际速度显示的转速来判断。

注： 当参数 3105 #2 DSP＝0 时不显示实际主轴速度。

（13）外部程序号检索。

⑥ 015　外部程序号检索　　　　　　　　　　　　　　:⑥

当 015 为"1"时，机床正在执行外部程序号检索，即通过操作某一硬件按钮或触发某一硬件地址，机床自动搜索并调用所需的程序号，这一功能在许多专用机床上使用。

（14）正在使用后台编辑功能。

⑥ 016　正在使用后台功能　　　　　　　　　　　　　:⑥

当 016 为"1"时，表明后台编辑占用资源导致运行停止。

通过上述 CNC 诊断功能，可以判断机床在自动运行时遇到障碍，并导致程序不能继续执行的原因。

CNC 诊断画面给维修人员提供了一个方便的窗口，但是深入查找故障点，还应该进一步查找 PMC 接口信号状态，特别是要熟悉 FANUC 专用 G 地址，以及相关的控制参数。就像本节叙述的那样，通过 CNC 诊断状态显示，查找接口状态，并根据 G 地址等状态显示，找到故障起始点。

🖳 任务实施

1. 进入伺服报警画面

① 按 SYSTEM 键。

② 按诊断软键 | 参数 | 诊断 | PMC | 系统 | （操作） | + | 。

③ 按 PAGE↓ 键进入图 7-1-3 所示画面。

④ 继续按 PAGE↓ 键，进入图 7-1-4 所示画面。

⑤ 继续按 PAGE↓ 键，进入图 7-1-5 所示画面。

⑥ 继续按 PAGE↓ 键，进入图 7-1-6 所示画面。

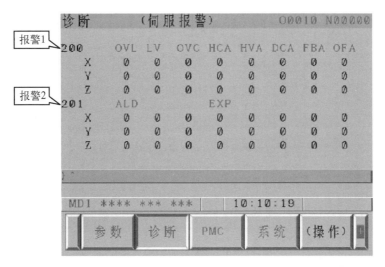

图 7-1-3　伺服诊断画面（一）

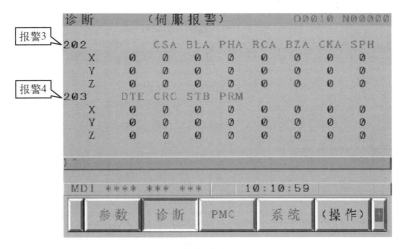

图 7-1-4　伺服诊断画面（二）

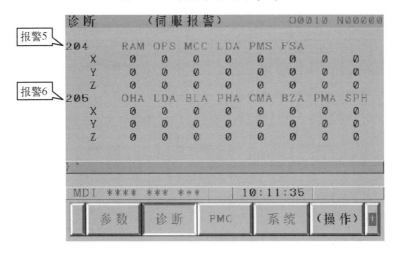

图 7-1-5　伺服诊断画面（三）

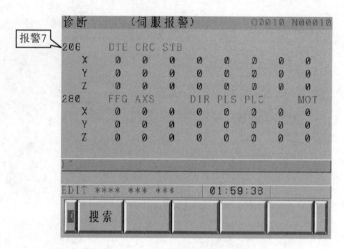

图 7-1-6　伺服诊断画面（四）

2. 报警画面详解（见表7-1-1）

表 7-1-1　报警画面详解

	#7	#6	#5	#4	#3	#2	#1	#0
Alarm1	OVL	LVA	OVC	HCA	HVA	DCA	FBA	OFA
Alarm2	ALD			EXP				
Alarm3		CSA	BLA	PHA	RCA	BZA	CKA	SPH
Alarm4	DTE	CRC	STB	PRM				
Alarm5	RAM	OFS	MCC	LDA	PMS	FSA		
Alarm6				SFA				
Alarm7	OHA	LDA	BLA	PHA	CMA	BZA	PMA	SPH
Alarm8	DTE	CRC	STB	SPD				

伺服报警画面对应的诊断画面地址如表 7-1-2 所示。

表 7-1-2　诊断画面地址

Alarm No.	FANCU 0C/D 对应 NC 诊断号	FANUC 15/15i 对应 NC 诊断号	FANUC 16/18 20/21/0iA ~ 0iC	PowerMate
<1>Alarm 1	No 720～723	No 3014+20(X−1)	No 200	No 2711
<2>Alarm 2	730～733	3015+20(X−1)	201	2710
<3>Alarm 3	760～763	3016+20(X−1)	202	2713
<4>Alarm 4	770～773	3017+20(X−1)	203	2712
<5>Alarm 5	——	——	204	2714
<6>Alarm 6	——	——	——	——
<7>Alarm 7	——	——	205	——
<8>Alarm 8	——	——	206	——

Alarm 1 诊断（200#）:

	#7	#6	#5	#4	#3	#2	#1	#0
	OVL	LV	OVC	HCA	HVA	DCA	FBA	OFA

#7（OVL）: 过载报警。

#6（LV）: 低电压报警。

#5（OVC）: 过电流报警。

#4（HCA）: 异常电流报警。

#3（HVA）: 过电压报警。

#2（DCA）: 放电电路报警。

#1（FBA）: 断线报警。

#0（OFA）: 溢出报警。

Alarm 2 诊断（201#）:

	#7	#6	#5	#4	#3	#2	#1	#0
	ALD			EXP				

过载报警	0	—	—	—	放大器过热
	1	—	—		电动机过热
断线报警	1	—	—	0	内装脉冲编码器断线(硬件)
	1	—	—	1	分离型脉冲编码器断线(硬件)
	0	—	—	0	脉冲编码器断线(软件)

Alarm 3 诊断（202#）:

	#7	#6	#5	#4	#3	#2	#1	#0
		CSA	BLA	PHA	RCA	BZA	CKA	SPH

#6（CSA）: 串行脉冲编码器的硬件异常。

#5（BLA）: 绝对位置编码器电池电压不足。（警告）

#4（PHA）: 串行编码器或反馈电缆异常，反馈信号计数器错误。

#3（RCA）: 串行编码器不良，转数计数错误。

当 RCA＝1 时，同时报警 1 的 FBA＝1，报警的 2 ALD＝1 以及 EXP＝0（内装编码器断线），α 脉冲编码器出现 CMAL 报警（计数报警）。

#2（BZA）: 绝对位置编码器电池的电压已变为零。

更换电池，设定参考点。

#1（CKA）: 串行脉冲编码器不良，内部程序段停止了。

#0（SPH）: 串行脉冲编码器不良或反馈电缆异常。

反馈信号的计数出错。

Alarm 4 诊断（203#）:

	#7	#6	#5	#4	#3	#2	#1	#0
	DTE	CRC	STB	PRM				

#7（DTE）: 串行编码器通信异常，通信没有应答。

#6（CRC）: 串行编码器通信异常，传送的数据有错。

#5（STB）：串行编码器通信异常，传送的数据有错。

#4（PRM）：在数字伺服侧检测的参数不正确。

Alarm 5 诊断（204#）：

	#7	#6	#5	#4	#3	#2	#1	#0
		OFS	MCC	LDM	PMS			

#6（OFS）：数字伺服电流值的 A/D 转换异常。

#5（MCC）：伺服放大器的电磁开关触点熔断。

#4（LDM）：α 脉冲编码器的 LED 异常。

#3（PMS）：由于 α 脉冲编码器或反馈电缆异常，使反馈脉冲不正确。

3. 详细报警分析及解决方案

1）过载报警（Soft Thermal，OVL）

	#7	#6	#5	#4	#3	#2	#1	#0
Alarm 1	OVL	LVA	OVC	HCA	HVA	DCA	FBA	OFA

① 确认电动机没有震荡：如果电动机震荡，电流将超过允许值，并引起报警。

② 确认电动机动力线连接正确：如果电动机动力线连接不正确，异常电流流过电动机线圈，并引起报警。

③ 确认下述参数是否正确：

由于数字伺服的脉宽调制是通过软件运算的，而这些计算数据又是依据正确的电动机参数——电动机 ID 号，所以要保证正确的电动机数据，并适当调整过载保护系数的设置（Overload Protection Coefficient）

如果实际电流值超过额定值的 1.4 倍，说明有可能是加减速时间常数设定得过短，也可能是机床的实际负载过大。

2）反馈短线报警（Feedback Disconnected Alarm）

	#7	#6	#5	#4	#3	#2	#1	#0
<1>Alarm 1	OVL	LVA	OVC	HCA	HVA	DCA	FBA	OFA
<2>Alarm 2	ALD			EXP				
<3>Alarm 6					SFA			

FBA	ALD	EXP	SFA	报 警 描 述	Action
1	1	1	0	硬件断线（分离型检测器——光栅等）	1
1	0	0	0	软断线报警（全闭环）	2
1	0	0	1	软断线报警（α 脉冲编码器）	3

情况 1：采用 A/B 相脉冲的分离型编码器（光栅尺）检查 A/B 相脉冲。

情况 2：位置反馈脉冲数的变化小于速度脉冲数的变化，此种情况不发生在半闭环结构中。

- 检查分离型编码器（光栅尺）位置反馈波形是否正确。
- 如果位置反馈波形是正确的,再检查电动机(速度脉冲)方向是否和光栅尺移动方向一致。
- 丝杠反向间隙过大。

对于分离型编码器（光栅尺）位置反馈报警,可以通过提高位置反馈检测电平来改善位置反馈信号的接收。具体方法是开启分离型编码器检测"放大倍数"。

3）过热报警（Overheat Alarm）

	#7	#6	#5	#4	#3	#2	#1	#0
<1>Alarm 1	OVL	LVA	OVC	HCA	HVA	DCA	FBA	OFA
<2>Alarm 2	ALD			EXP				

OVL	ALD	EXP	报警描述	Action
1	1	0	电机过热	1
1	0	0	放大器过热	1

过热报警是否在机床长期加工运行后发生？如果是，将机床停止运行，停止一段时间后，再通电。如果在机床休息 10 min 后仍然出现过热报警，则说明热敏元件损坏。如果这种报警是偶发的，可通过修改加减速时间常数，或在程序段中加暂停指令 G04Pxx。

4）无效的伺服参数设定（Invalid Servo Parameter Setting Alarm）

当伺服参数设定值超出所使用放大器或电动机规格时，以及计算后产生溢出时，均会发出此报警。

	#7	#6	#5	#4	#3	#2	#1	#0
<4>Alarm 4	DTE	CRC	STB	PRM				

当在伺服侧检测出无效的伺服参数设定，即 alarm 4 #4（PRM）＝ 1"伺服身份"标志报警（Alarm identification method）。

解决方法：修正伺服参数，重新输入正确的伺服参数。

5）串行编码器报警

	#7	#6	#5	#4	#3	#2	#1	#0
<1> Alarm 1	OVL	LVA	OVC	HCA	HVA	DCA	FBA	OFA
<2> Alarm 2	ALD			EXP				
<3> Alarm 3		CSA	BLA	PHA	RCA	BZA	CKA	SPH
<4> Alarm 4	DTE	CRC	STB	PRM				
<5> Alarm 5		OFS	MCC	LDM	PMS	FAN	DAL	ABF
<6> Alarm 6					SFA			
<7> Alarm 7	OHA	LDA	BLA	PHA	CMA	BZA	PMA	SPH
<8> Alarm 8	DTE	CRC	STB	SPD				
<9> Alarm 9		FSD			SVE	IDW	NCE	IFE

① 内装式编码器报警。对于内装式编码器报警，由报警 1、报警 2、报警 3、报警 5，四组数据的组合反映不同的情况，具体含义如表 7-1-3 所示。

表 7-1-3　报警表述表

Alarm 3							Alarm 5		1	Alarm 2		报警表述	情况
CSA	BLA	PHA	RCA	BZA	CKA	SPH	LDM	PMA	FBA	ALD	EXP		
						1						软相位报警	2
					1							时钟报警（系列 A）	
				1								电池电压 0	1
			1						0	0	0	速度出错（系列 A）	
			1						1	1	0	计数器报警（α 系列编码器）	2
		1										相位报警（系列 A）	2
	1											电池电压低报警	1
1												检测报警（系列 A）	
								1				脉冲错误报警（α 系列编码器）	
							1					发光二极管报警（α 系列编码器）	

② 有关串行通信的报警。目前 FANUC α 系列均采用串行编码器，如果串行编码器出错，通过报警 4 和报警 8 的组合，反映不同的情况。具体故障内容如表 7-1-4 所示。

表 7-1-4　串行通信报警描述

Alarm 4			Alarm 8			报警描述
DTE	CRC	STB	DTE	CRC	STB	
1						串行脉冲编码器通信报警
	1					
		1				
			1			分离型脉冲编码器（光栅）通信报警
				1		
					1	

情况：串行通信不能够正常进行。

检查电缆连接是否正确，电缆有无破损。如果 CRC 或 STB 位置为 1，有可能是由于震荡引起的，通过伺服参数调整，采用噪声抑制控制，如果系统通电后 CRC 和 STB 一直置为 1，则脉冲编码器或伺服放大器板有可能损坏。

6）其他报警

（1）参数设定错误报警。

（2）无效的参数设定。

Alarm 4 检测报警

Alarm 4				描 述
DTER	CRC	STB	PRM	
			1	伺服软件监测到了无效的参数设定

当 Alarm 5 报警发生时，如表 7-1-5 所示。

表 7-1-5　Alarm5 发生时状态

Alarm 5							描 述	Action 情况
OFS	MCC	LDM	PMS	FAN	DAL	ABF		
						1	反馈错误报警	1
					1		执行半闭环报警	2
1							电流偏置错误报警	3

情况 1：当位置反馈和速度反馈的方向相反时（正反馈），出现此报警。

上述报警的含义：分离型检测元件连接为正反馈状态，有两种处理方法：

① 调换线脚 A／＊A 和 B／＊B（的硬件连接）。

② 不改动硬件，修改下述参数 2018 号 b0 位。

2018	#7	#6	#5	#4	#3	#2	#1	#0
								RVRSE

RVRSE（#0）分离型编码器方向：

0：不反向

1：反向

情况 2：这个报警的出现说明，内装式绝对位置编码器与相位不同步（格雷码与定子磁场旋转位置不能产生同步），有两种情况产生此报警：

① 串行编码器故障（格雷码输出不正确）。

② 电动机转子无法跟踪旋转磁场，检查电动机。

任务 7.2　利用诊断画面进行数控机床维修

知识点：

● 诊断画面的应用。

● 利用诊断画面进行故障诊断的一般步骤。

任务描述

如何有效地使用诊断功能提供的诊断信息来帮助用户查找和排除故障，这是用户最为关注的问题。下面学习如何使用诊断功能解决一些在实际中经常出现的隐性故障。

任务分析

当机床产生故障时，应该首先对故障现象进行仔细观察和记录，然后进行分析。如何根据故障现象进行故障分析呢？诊断画面提供了一个很好的方法。本任务是在熟悉诊断画面内容和诊断号含义的基础上，结合故障实例研究利用诊断画面进行故障诊断的方法。

相关知识

下面结合故障诊断实例分析诊断画面在数控维修中的应用。

1. 故障诊断实例 1

诊断号 000 为 1 时，表明系统正在执行辅助功能（M 指令）。在辅助功能的执行过程中，000 号将会保持为 1，直到辅助功能执行完了信号到达为止。因此，当出现辅助功能执行时间超出正常值时，可能是辅助功能的条件未满足。所以出现无报警的异常，查找故障点时，若诊断号 000 为 1，可以首先检查辅助功能所要完成的机床动作是否已经完成。

故障现象：一数控机床在自动运行状态中，每当执行 M8（切削液喷淋）这一辅助功能指令时，加工程序就不再往下执行了。此时，管道是有切削液喷出的，系统无任何报警提示。

排除思路：调出诊断功能画面，发现诊断号 000 为 1，也就是说系统正在执行辅助功能，切削液喷淋这一辅助功能未执行完成（在系统中未能确认切削液是否已喷出，而事实上切削液已喷出）。于是，查阅电气图册，发现在切削液管道上装有流量开关，用以确认切削液是否已喷出。在执行 M8 这一指令并确认有切削液喷出的同时，在 PMC 程序的信号状态监控画面中检查该流量开关的输入点 X2.2 的状态为 0（有喷淋时应为 1），于是故障点可以确定为在有切削液正常喷出的同时这个流量开关未能正常动作所致。因此重新调整流量开关的灵敏度，对其动作机构喷上润滑剂，防止动作不灵活，保证可靠动作。在做出上述处理后，进行试运行，故障排除。

2. 故障诊断实例 2

诊断号 003 为 1 时，表明系统正在对移动后的伺服轴是否准确定位到指令值进行检查。当伺服轴未能实现准确定位的话，将会出现诊断号 003 长期为 1 的情况。

故障现象：数控机床在自动加工过程中，经常出现偷停现象。特别是在 Z 轴移动后，出现偷停现象比较多。在出现此现象后，加工程序就不往下执行了，但可能几十秒后，加工程序又重新往下执行，有时又不行，机床就一直愣在那里没有发出任何的报警信息。

排除思路：在无任何报警信息的情况下，调出诊断功能画面，希望从中找到一点故障的线索。在对诊断功能画面进行查看时发现，诊断号 003 正在进行到位检测，信号为 1，于是查看诊断号为 300 的各伺服轴实时指令与实际位置偏差量，发现 Z 轴的实时指令与实际位置偏差量的值为 50 而定位的允许偏差值（到位宽度）是由参数 1826 设定的，也就是说只要诊断号为 300 的各伺服轴实时指令与实际位置偏差量不超过参数 1826 中所设定的值，系统就认为伺服轴的定位完成，否则系统认为伺服轴的定位未完成，于是就进行反复的定位，加工程序也就无法往下执行。而这台机床在参数 1826 中，Z 轴的到位宽度值是 4，所以 Z 轴的实际位置偏差量大于参数设定的到位宽度值，于是出现了此故障现象。

参数1825是各轴的伺服环增益，与位置偏差量的关系为：

$$位置偏差量＝进给速度/60×伺服环增益$$

根据此公式，可以将Z轴的伺服环增益值适当减少，从而减少位置偏差量。在对参数1825做出了适当的调整之后，Z轴的位置偏差量减小为1，即位置偏差量小于参数1826的设定值，故障排除。

3. 故障诊断实例3

诊断号005为1时，表明系统正处于各伺服轴互锁或启动锁住信号被输入，该信号禁止机床各伺服轴移动。机床所有的轴或各伺服轴未能满足移动条件，或者说如果伺服轴移动的话将会有危险情况出现。当以下PMC的伺服轴互锁信号为0时，则机床进入伺服轴互锁状态，也就是禁止移动：

G8.0：禁止所有伺服轴移动。

G130.0：禁止系统定义的第一伺服轴移动。

G130.1：禁止系统定义的第二伺服轴移动。

G130.2：禁止系统定义的第三伺服轴移动。

G130.3：禁止系统定义的第四伺服轴移动。

G132.0：禁止系统定义的第一伺服轴正方向移动。

G132.1：禁止系统定义的第二伺服轴正方向移动。

G132.2：禁止系统定义的第三伺服轴正方向移动。

G132.3：禁止系统定义的第四伺服轴正方向移动。

G134.0：禁止系统定义的第一伺服轴负方向移动。

G134.1：禁止系统定义的第二伺服轴负方向移动。

G134.2：禁止系统定义的第三伺服轴负方向移动。

G134.3：禁止系统定义的第四伺服轴负方向移动。

故障现象：数控加工专用机在自动运行过程中，当执行到G90G01Z0；这一句程序时，出现无故停止现象。进行系统复位，再重新开始执行加工程序，也是执行到G90G01Z0；这一句程序时，停止动作。此时，也无任何报警信息。

排除思路：在无任何报警信息的情况下，调出诊断功能画面，希望从中找到一点故障的线索。在对诊断功能画面进行查看时发现，诊断号005系统正处于各伺服轴互锁或启动锁住信号被输入为1。于是检查上述PMC的伺服轴互锁信号，发现6130.0为0，而Z轴是系统中定义的第一轴，查阅梯图，看一看线圈130.0未能接通的原因，最后发现是刀塔抬起/落下的检测接近开关的状态同时为1，检查发现刀塔实际上是落下到位了，而抬起检测的接近开关因为沾有铁屑，而发出错误信号，于是PMC程序判定Z轴的安全移动条件未满足。清理了该接近开关以后，线圈6130.0置为1，Z轴的互锁状态解除，故障排除。

4. 故障诊断实例4

350号报警，这是α串行脉冲编码器内的控制部分发生异常所引起的。这时可使用诊断功能中诊断号202和204显示的报警状态进行故障具体原因的确定。

5. 故障诊断实例 5

351 号报警，这是 α 串行脉冲编码器与模块之间的通信发生异常所引起的。这时可使用诊断功能中诊断号 203 显示的报警状态进行故障具体原因的确定。

6. 故障诊断实例 6

400 号报警，这是系统检测出伺服模块或者伺服电动机过热所引起的。这时可使用诊断功能中诊断号为 200 和 201 显示的报警状态进行故障具体原因的确定。

7. 故障诊断实例 7

414 号报警，这是伺服模块或者伺服电动机发生异常所引起的。这时可使用诊断功能中诊断号 200、201 和 204 显示的报警状态，以及伺服模块上的 LED 所显示的报警号进行故障具体原因的确定。

8. 故障诊断实例 8

416 号报警，这是位置检测器的信号断线或短路所引起的。这时可使用诊断功能中诊断号 200 和 201 显示的报警状态进行故障具体原因的确定。

9. 故障诊断实例 9

417 号报警，这是系统伺服参数设定异常所引起的。这时可使用诊断功能中诊断号 203 和 280 显示的报警状态进行故障具体原因的确定。

10. 故障诊断实例 10

749 号报警，这是主轴伺服模块部分发生异常所引起的。这时可使用诊断功能中诊断号 408 显示的报警状态进行故障具体原因的确定。

11. 故障诊断实例 11

750 号报警，这是在串行主轴系统中通电时，主轴伺服模块没有达到正常的启动状态所引起的。这时可使用诊断功能中诊断号 409 显示的报警状态进行故障具体原因的确定。

📖 任务实施

在理解诊断画面内容、接口信号含义的基础上，设计一些有关手动操作故障、自动操作故障，通过综合运用知识来加以解决，培养维修的思路。

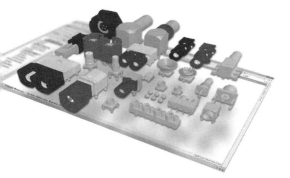

项目八
参考点的设置与调整

知识点：

- 数控机床参考点、坐标系。
- 参考点设置的方法。

任务描述

参考点是数控机床中的一个固定点，它是为了确定机床坐标系而设置的一个点。回参考点一方面是建立机床坐标系，另一方面可以消除反向间隙，同时使螺距误差补偿有效。当在更换电池、更换伺服电动机等情况下，参考点可能会丢失，机床就不能正常工作，这时就必须设置参考点。

任务分析

参考点设置是数控维修人员应该掌握的基本技能之一。参考点是数控机床中的一个固定点，数控机床中主要靠行程开关和位置编码器来确定其具体位置。要设置参考点，首先需要学习回参考点的工作原理，认识参考点相关的硬件组成，然后学习回参考点的方法和步骤。

相关知识

1. 常用的参考点设置方法

常用的参考点设置方法如表 8-1-1 所示。

表 8-1-1　常用的参考点设置方法

回参考点的方法		减速挡块	脉冲编码器	
			增量式	绝对式
对准标记设定参考点		不要	△	◎
栅格方式	无挡块参考点的设定	不要	△	◎
	有挡块方式参考点返回	必要	◎	○

2. 手动返回参考点方式的工作时序（有挡块方式参考点返回）

手动返回参考点方式的工作时序如图 8-1-1 所示。

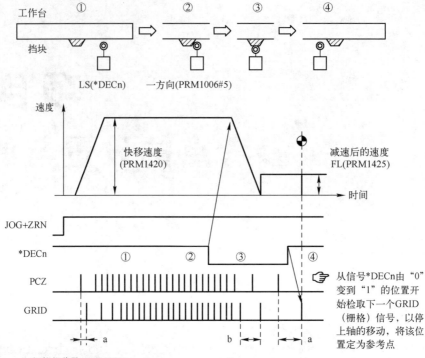

a: 栅格位移量(PRM1850)。

b: 参考计数器容量(PRM1821)。

图 8-1-1　回零工作时序

3. 参考点的参数设定

1）参考计数器容量设置

参考计数器值的设置对于回零的精度影响至关重要。系统基于位置检测器的一转（即电动机转动一圈）信号的电气晶格（栅格）来确定参考点。

参考计数器容量计算过程：

丝杠一转（即电动机转动一圈）系统所需的位置脉冲数=螺距(mm)/变速比/系统检测单位
=8/1/0.001=8000

参考计数器容量=8000

栅格宽度=检测单位×参考计数器容量=8

参考计数器容量计算举例：

X 轴丝杠螺距 8 mm，电动机与丝杠之间采用直连方式，即变速比 1:1。系统检测单位 0.001 mm。相关参数如表 8-1-2 所示。

表 8-1-2　计数器容量参数

滚珠丝杠螺距（mm/转）	位置脉冲数 （脉冲/旋转）	参考计数器 1821	栅格宽
8	8000	8000	8

2）安装回零挡块

确认回零挡块和开关之间的接触符合要求，接触时能正确发出减速信号＊DEC1，接触时＊DEC1＝0；脱开时＊DEC1＝1。确认行程开关和挡块之间的接触符合要求，并能正确进行超程保护。

3）设定回参考点方向

设定回参考点方向需设置以下参数。

1006 #5（ZMI）：为 0 时，回参考点方向为正；为 1 时回参考点方向为负。

4）设定参考点返回 FL 速度

设定参考点返回 FL 速度即设定回参考点减速信号（＊DEC）输入后，回参考点的低速进给速度。该速度在以下参数中设定。

1425：回参考点的 FL 速度［mm/min］，该速度如过低，则不能正常进行参考点返回。一般设定 FL 速度为 500 mm/min 左右。

4. 参考点的建立步骤

建立参考点的参数设定完毕之后，可根据以下步骤进行参考点建立。

（1）选择手动连续进给方式，使机床离开参考点。

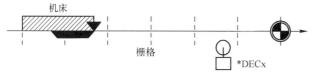

（2）选择机床操作盘的 回参考点方式。

（3）选择快速进给倍率 。

（4）按机床操作盘的轴移动命令按钮 （或 +Y，+Z 等），给出回参考点方向的移动命令。轴以快速进给速度向参考点移动。

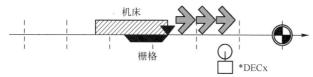

（5）回参考点减速信号（＊DEC1）变为 0 时，轴的移动减速。以参数 1425 的 FL 速度移动。

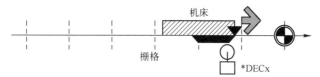

（6）回参考点减速信号（＊DEC1）回到 1 后，继续轴的移动。

（7）轴停在第 1 个栅格上，机床操作盘上的回参考点完毕指示灯（ZEROPOSITION）点亮。

参考点确立信号 1815#4（ZRFx）变为 1。至此参考点建立。

5. 软限位的设定

软限位一般在回参考点之后检测，有关软限位的参数如下：

参数 1300#6：LZR：值为 0 时，软限位检测在返回参考点之前；值为 1 时，软限位检测在返回参考点之后。

参数 1320：各轴移动范围正极限。

参数 1321：各轴移动范围负极限。

以上两个参数用机床坐标的坐标值设定各轴的移动范围，单位为设定单位。

任务实施

针对实验设备建立某轴的参考点，将各个完成步骤填入表格，完成数据分析，如表 8-1-3 所示。

表 8-1-3 轴的参考点

序号	操 作 手 段	相 关 参 数		相 关 信 号		执 行 结 果	备 注
1	测量机床参数，确认参考开关的连接，填入表格	螺距		减速开关接入点			在左边单元格中填入减速开关和超程开关是否能正确动作
		变速比		超程开关接入点			
		减速开关型号					
		挡块长度					
		电机型号					
2	计算相关参数，填入表格，验证后输入数控系统	1425					在左边单元格中填写相关参数的计算步骤
		1821					
		1850					
		1240					
3	执行回零动作，确认各时序动作	寻找减速开关					在左边单元格中填写寻找方向和速度
		压下减速开关					在左边单元格中填写执行速度
		脱离减速开关					在左边单元格中填写诊断号 302 中的值
		参考点建立					在左边单元格中填写相关信号；判断参考点位置是否正确
4	多次回零，验证参考点位置是否一致	NO.1					在左边单元格中填写诊断号 302 的值；如不一致，判断原因并重复 1-4，直到一致
		NO.2					
		NO.3					

序号	操作手段	相关参数	相关信号	执行结果	备注
5	执行参考点位置偏移	寻找位置偏差		如果参考点位置有误差，请在左边单元格中填写位置偏差值	
		计算栅格偏移量，并断电生效		如果参考点位置偏差在一个栅格范围内，请在左边单元格中填写栅格偏移量	
		再次回零		确认参考点位置正确	

在完成任务三的基础上，互换十字工作台伺服电动机，重新回参考点，确认回参，判断参考点位置是否发生变化，如有变化记录变化量，分析原因，并进行调整，如表 8-1-4 所示。

表 8-1-4　参考点变化量

序　号	电动机更换前参考点位置	电动机更换后参考点位置	变　化　量	原　因	调　整
轴 1					
轴 2					

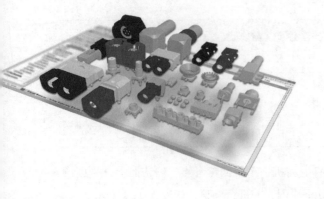

项目九
数据备份与恢复

任务9.1　在 BOOT 画面下进行数据备份

知识点：

- 数据的分区与分类。
- BOOT 画面备份数据的方法。

任务描述

FANUC 数控系统中的加工程序、参数、螺距误差补偿、宏程序、PMC 程序、PMC 数据，在机床不使用时是依靠控制单元上的电池进行保存的，如果发生电池失效或其他意外情况，会导致这些数据丢失。因此，有必要做好重要数据的备份工作，一旦发生数据丢失，可以通过恢复这些数据的办法，保证机床的正常运行。

本任务就是学习如何在 BOOT 画面进行数据的备份和恢复。

任务分析

数据备份与恢复是数控维修人员必备的基本技能之一。通过介绍数据分区、数据的分类，讲述在 BOOT 画面下进行数据备份与恢复的方法和步骤。

相关知识

1. 数据的分区

FANUC i 系列数控系统与其他数控系统一样，通过不同的存储空间存放不同的数据文件。

数据存储空间主要分为：

（1）ROM——FLASH-ROM，只读存储器。在数控系统中作为系统存储空间，用于存储系统文件和（MTB）机床厂文件，如图 9-1-1 所示。

（2）SRAM——静态随机存储器，在数控系统中用于存储用户数据，断电后需要电池保护，所以有易失性（如电池电压过低、SRAM 损坏等）。

数据文件主要分为系统文件、MTB（机床制造厂）文件和用户文件：

① 系统文件：FANUC 提供的 CNC 和伺服控制软件称为系统软件。

图 9-1-1　FLASH-ROM 芯片

② MTB 文件：PMC 程序、机床厂编辑的宏程序执行器（Manual Guide 及 CAP 程序等）

③ 用户文件：包括系统参数、螺距误差补偿值、加工程序、宏程序、刀具补偿值、工件坐标系数据、PMC 参数等。

用户文件是指 PMC 的顺序程序（梯形程序）及 P-CODE 宏程序等可由用户创建的文件。

FLASH-ROM 上处理的文件，根据其种类而赋予了独有的文件名。这些文件名在后述的 SYSTEM DATA CHECK、SYSTEM DATA DELETE、SYSTEM DATA SAVE 中使用。各文件名及其种类的对应如表 9-1-1 所示。

表 9-1-1　FlasH-ROM 上处理的文件名及种类

文　件　名	种　类
PMC□	梯形程序
PMCS	梯形程序（双检安全功能）
M□PMCMSG	PMC 信息各国语言数据
CEX □.□M	C 语言执行器用户应用程序
CEX□○○○○	C 语言执行器用户数据
PC0△○○○○或者 PC0△○.○○	宏执行器用户应用程序

注：□表示 1 个字符的数字；△表示 1～6 的任一个数字；○表示 1 个字符的字母或数字。

2. 数据的分类及保存位置

CNC 内部数据的种类和保存位置如表 9-1-2 所示。

表 9-1-2　CNC 内部数据的种类及保存位置

数据的种类	保存位置	备　注
CNC 参数	SRAM	
PMC 参数	SRAM	
顺序程序	F-ROM	
螺距误差补偿量	SRAM	选择功能
加工程序	SRAM F-ROM	
刀具补偿量	SRAM	
用户宏变量	SRAM	选择功能

续表

数据的种类	保存位置	备注
宏 P-CODE 程序	F-ROM	宏执行器 （选择功能）
宏 P-CODE 变量	SRAM	
C 语言执行器应用程序	F-ROM	C 语言执行器 （选择功能）
SRAM 变量	SRAM	

注：CNC 参数、PMC 参数、顺序程序、螺距误差补偿量 4 种数据随机床出厂而设定。

3. 在 BOOT（引导区）画面下备份 SRAM 全部数据

使用此功能的目的是缩短更换控制单元的作业时间。由于是以二进制的形式输出到存储卡，故不能用个人计算机修改所备份数据的内容。

1）主菜单

BOOT SYSTEM 启动后，首先显示"MAIN MENU（主菜单）画面"，如图 9-1-2 所示。

```
(1)   SYSTEM MONITOR MAIN MENU    60W3 - 01
(2)   1.END
(3)   2.USER DATA LOADING
(4)   3.SYSTEM DATA LOADING
(5)   4.SYSTEM DATA CHECK
(6)   5.SYSTEM DATA DELETE
(7)   6.SYSTEM DATA SAVE
(8)   7.SRAM DATA UTILITY
(9)   8.MEMORY CARD FORMAT


      *** MESSAGE ***
(10)  SELECT MENU AND HIT SELECT KEY.

      [SELECT][ YES ][ NO ][ UP ][ DOWN ]
```

(1) 显示标题。右端显示出 BOOT SYSTEM 的系列版本
(2) 退出 BOOT SYSTEM，启动 CNC
(3) 向 FLASH ROM 写入数据
(4) 向 FLASH ROM 写入数据
(5) 确认 ROM 文件的版本
(6) 删除 FLASH ROM/存储卡文件
(7) 向存储卡备份数据
(8) 备份/恢复 SRAM 区
(9) 格式化存储卡
(10) 显示简单的操作方法和错误信息

图 9-1-2 菜单画面

2）进入 BOOT（引导区）画面

（1）按住以下两个键接通电源，显示系统监控画面。

软键：按下最右端两个键。

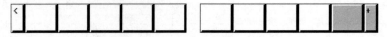

十键（数字键）：按下 MDI 键盘上的 ⑥ 和 ⑦。

📖 在画面上显示出"FROM ID"等信息之后，放开按钮。

📖 当 F-ROM 中没有写入 CNC 软件，或文件损坏时，BOOT 系统自动启动。

（2）插入存储卡。

（3）用软键或数字键 1 ~ 7 进行操作，如图 9-1-3 所示。

```
SYSTEM MONITOR MAIN MENU

    1. END
    2. USER DATA LOADING
    3. SYSTEM DATA LOADING
    4. SYSTEM DATA CHECK
    5. SYSTEM DATA DELETE
    6. SYSTEM DATA SAVE
    7. SRAM DATA UTILITY
    8. MEMORY CARD FORMAT

* * * MESSAGE * * *
SELECT MENU AND HIT SELECT KEY。

[SELECT] [ YES  ] [  NO  ] [  UP  ] [ DOWN ]
```

图 9-1-3　引导区画面

注：图 9-1-3 是系统启动时，使用软键操作进入的系统监控画面。如果在系统启动时，使用数字键进入监控画面，各菜单使用数字键操作。另外，软键和数字键不可以组合使用。

软键和数字键的对应关系如表 9-1-3 所示。

表 9-1-3　引导区画面软键功能介绍

显　　示	键	动　　作
<	1	在当前画面不能显示时，返回前一画面
SELECT	2	选择光标位置的功能
YES	3	确认执行时，用"是"回答
NO	4	不确认执行时，用"不"回答
UP	5	光标上移一行
DOWN	6	光标下移一行
>	7	在当前画面不能显示时，转向下一画面

基本的操作流程

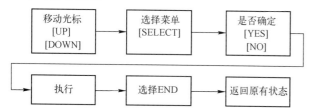

3）通过存储卡把 SRAM 中数据全部备份/恢复

（1）在系统监控画面，按照下面的顺序选择 SRAM 数据备份画面。

① 按下软键"UP"或"DOWN"，把光标移动到"7. SRAM DATA UNILITY"，如图 9-1-4 所示。

② 按下"SELECT"键。显示 SRAM DATA UTILITY 画面，如图 9-1-5 所示。

（2）按下软键"UP"或"DOWN"，进行功能的选择。

使用存储卡备份数据：SRAM BACKUP。

向 SRAM 恢复数据：RESTORE SRAM。

自动备份数据的恢复：AUTO BKUP RESTORE。

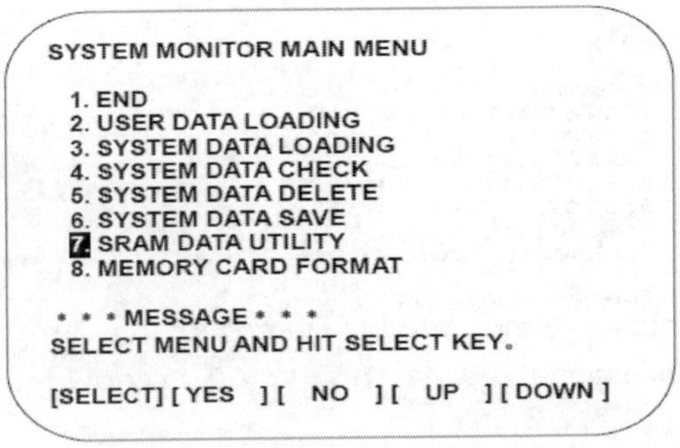

```
SYSTEM MONITOR MAIN MENU

1. END
2. USER DATA LOADING
3. SYSTEM DATA LOADING
4. SYSTEM DATA CHECK
5. SYSTEM DATA DELETE
6. SYSTEM DATA SAVE
7. SRAM DATA UTILITY
8. MEMORY CARD FORMAT

* * * MESSAGE * * *
SELECT MENU AND HIT SELECT KEY.

[SELECT] [YES ] [ NO ] [ UP ] [DOWN ]
```

图 9-1-4　引导区菜单画面

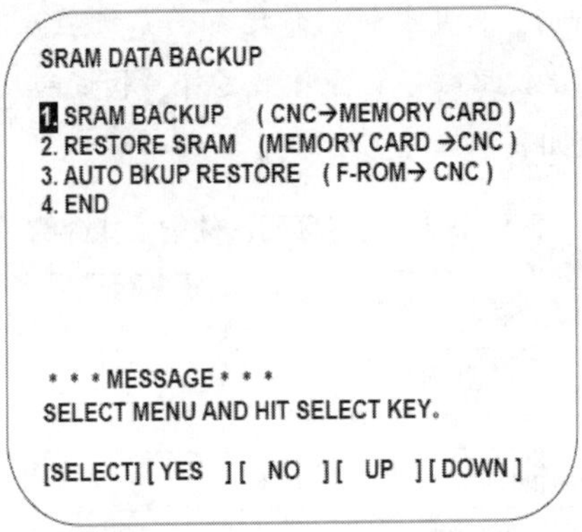

```
SRAM DATA BACKUP

1. SRAM BACKUP    ( CNC→MEMORY CARD )
2. RESTORE SRAM   (MEMORY CARD →CNC )
3. AUTO BKUP RESTORE  ( F-ROM→ CNC )
4. END




* * * MESSAGE * * *
SELECT MENU AND HIT SELECT KEY.

[SELECT] [YES ] [ NO ] [ UP ] [DOWN ]
```

图 9-1-5　SRAM 菜单画面

（3）按下软键"SELECT"。

① 选择 SRAM BACKUP，SRAM 数据中加上 FROM 中加工程序一起输出。

菜单中间"SRAM+ATA PROGRAM FILE"中可以显示文件总容量。

② 当选择 RESTORE SRAM 时，显示出"SET MEMERY CARD INCLUDING SRAM_BAK. 001"信息，将第一张存储卡插入卡槽。

③ 当选择 AUTO BACKUP RESTORE 时，显示自动备份到 FROM 中的文件的文件名（BACK-UP DATA1 ～ 3：FILE 数字以 10342 号参数设定来进行区分）。选择其中想要恢复的文件，按下"SELECT"键。

（4）按下软键"YES"，执行数据的备份和恢复。

📖 执行"SRAM BUCKUP"时，如果在存储卡上已经有了同名的文件，会询问"OVER WRITE OK?"，可以覆盖时，按下"YES"键继续操作。

📖 SRAM BACKUP 操作，文件最大可以分割存放在 999 块存储卡中，在 BACKUP 中表示"SET MEMERY CARD NO. xxx"时，不关断电源交换存储卡后，按下"YES"键继续操作。保存的文件名为：SRAM_BAK. xxx（xxx 为 001 ～ 999）。

📖 当执行 RESTORE SRAM，FILE 被分割为复数保存在存储卡中时，恢复的过程中会显示要求更换存储卡的信息，按照指示进行操作。

另外，使用了绝对位置编码器时，必须再重新设定原点位置。

囗 执行中，画面右下方表示进展情况。

（5）执行结束后，显示"…COMPLETE. HIT SELECT KEY"信息。按下"SELECT"软键，返回主菜单。

4. F-ROM 中的数据备份和恢复

1）F-ROM 中的数据备份

操作步骤：

（1）进入引导区画面，选择"SYSTEM DATA SAVE"，进入 SYSTEM DATA SAVE 画面，如图 9-1-6 所示。

(1)	SYSTEM DATA SAVE FROM DIRECTORY	(1) 显示标题
(2)	1 NC BAS-1　(0008) 2 NC BAS-2　(0008) 3 NC BAS-3　(0008) 4 NC BAS-4　(0008) 5 DGD0SRVO(0003) 6 PS0B　　(0006) 7 PMC1　　(0001)	(2) 显示FLASH ROM上存在的文件名。显示在文件 　　名右侧的( )中的数字为使用管理单位数
(3)	8 END	(3) 返回MAIN MENU
(4)	*** MESSAGE *** SELECT FILE AND HIT SELECT KEY. [SELECT][YES][　NO　][　UP　][DOWN]	(4) 显示信息

图 9-1-6　SYSTEM DATA SAVE 画面

（2）选择希望保存的文件。

（3）显示如下用于确认的信息。

```
*** MESSAGE ***
SYSTEM DATA SAVE OK ? HIT YES OR NO.

[SELECT][ YES ][　NO　][　UP　][DOWN ]
```

（4）按软键［YES］则开始保存。按［NO］则取消加载。

```
*** MESSAGE ***
STORE TO MEMORY CARD

[SELECT][ YES ][　NO　][　UP　][DOWN ]
```

（5）正常结束时显示如下信息。按"SELECT"软键。同时还将显示写入存储卡的文件名，请做好记录以便确认。

保存 ATA PROG：

文件名为 ATA PROG 的文件中，包含有 NC 程序。由于在 SRAM DATA UTILITY 画面上统一保存 SRAM 数据，因此，该文件不能在 SYSTEM DATA SAVE 画面上进行保存。

其他（SYSTEM DATA SAVE 中的系统文件和用户文件的差异）：SYSTEM DATA SAVE 画面

上不能统一保存系统文件。只能保存用户文件。

从 FLASH ROM 保存到存储卡的文件命名规则如表 9-1-4 所示。

表 9-1-4　从 FLASH ROM 保存到存储卡的命名规则

FLASH ROM 中的标题 ID	存储卡中的文件名
PMC1	PMC1. xxx
PC010. 5M	PC0105M. xxx
PC011. 0M	PC0110M. xxx

注："xxx"如"000"、"001"…"031"，带有 32 个编号。例如，将 FLASH ROM 上的文件"PMC1"保存到存储卡上时，如果存储卡上没有存在"PMC1.000"这样的文件，则以"PMC1.000"名称保存起来。如果已有"PMC1.000"存在，则将扩展名的数字加 1，文件名为"PMC1.001"。这样，文件名通过将扩展名的编号逐个加 1，可创建到"PMC1.031"为止。此外，中途如有空的编号，则按数字从小到大的顺序创建。因此，只有在扩展名不同的多个文件保存在同一张存储卡的情况下，请确认在保存正常结束时显示的文件名。

2）F-ROM 中的数据恢复

在 USER DATA LOADING（用户数据加载）画面上，将 ROM 数据由存储卡加载到闪存存储器中。

在 SYSTEM DATA LOADING（系统数据加载）画面上，确认存储在存储卡中的 ROM 卡的内容，而后将 ROM 数据由存储卡加载到闪存存储器中。

操作步骤：

（1）进入引导区画面，选择"USER DATA LOADING"或"SYSTEM　DATA　LOADING"进入 SYSTEM DATA LOADING 画面，如图 9-1-7 所示。

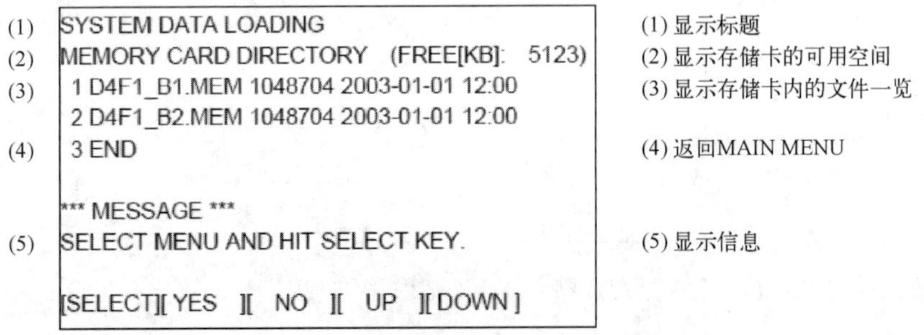

```
(1)  SYSTEM DATA LOADING                              (1) 显示标题
(2)  MEMORY CARD DIRECTORY   (FREE[KB]:  5123)         (2) 显示存储卡的可用空间
(3)   1 D4F1_B1.MEM 1048704 2003-01-01 12:00           (3) 显示存储卡内的文件一览
      2 D4F1_B2.MEM 1048704 2003-01-01 12:00
(4)   3 END                                            (4) 返回MAIN MENU

     *** MESSAGE ***
(5)  SELECT MENU AND HIT SELECT KEY.                   (5) 显示信息

     [SELECT][ YES  ][  NO  ][  UP  ][ DOWN ]
```

图 9-1-7　SYSTEM DATA LOADING 画面

（2）将光标对准希望从存储卡读到 FLASH ROM 中的文件，按［SELECT］软键。1 个画面上最多能显示 10 个文件，存储卡上的文件数超过 10 个时，通过软键▷进入到下一个画面，或者通过软键◁切换到上一个画面并予以显示。此时，菜单"END"显示在最后一页。

（3）若在 USER DATA LOADING 画面上选择文件，提示是否确定，如图 9-1-8 所示。

（4）在 SYSTEM DATA LOADING 画面上选择文件时，出现 ROM 数据的确认画面，提示是否确定，如图 9-1-9 所示。

```
USER DATA LOADING
MEMORY CARD DIRECTORY   (FREE[KB]:  5123)
 1 D4F1_B1.MEM 1048704 2003-01-01 12:00
 2 D4F1_B2.MEM 1048704 2003-01-01 12:00
 3 END


*** MESSAGE ***
LOADING OK ? HIT YES OR NO.

[SELECT][ YES  ][   NO   ][   UP   ][ DOWN ]
```

图 9-1-8　USER DATA LOADING 画面

```
SYSTEM DATA CHECK & DATA LOADING
D4F1_B1.MEM
 1 D4F1 001A
 2 D4F1 021A
 3 D4F1 041A
 4 D4F1 061A
 5 D4F1 081A
 6 D4F1 0A1A
 7 D4F1 0C1A
 8 D4F1 0E1A

*** MESSAGE ***
LOADING OK ? HIT YES OR NO.

[SELECT][ YES  ][   NO   ][   UP   ][ DOWN ]
```

图 9-1-9　SYSTEM DATA CHECK 画面

（5）按［YES］软键则开始加载。按［NO］软键则取消加载。

```
*** MESSAGE ***
LOADING FROM MEMORY CARD xxxxxx/xxxxxx

[SELECT][ YES  ][   NO   ][   UP   ][ DOWN ]
```

（6）正常结束时显示如下信息。按［SELECT］软键。如发生错误，可参阅后面将要叙述的错误信息和处理方法一览。

```
*** MESSAGE ***
LOADING COMPLETE.
HIT SELECT KEY.
[SELECT][ YES  ][   NO   ][   UP   ][ DOWN ]
```

注：

① CNC 的选项参数被保存在 FROM 内的选项信息文件（文件名"OPRM INF"）中。进行该文件的改写时，会改变选项参数的设定，从而需要选项参数的认证操作。

② 进行印制电路板的更换时，有的情况下需要选项信息文件（文件名"OPRM INF"），相同文件与 SRAM 数据一样，建议用户预先对数据进行备份。

📖 **任务实施**

1. 使用 PCMCIA 卡进行 F-ROM 中的数据备份和恢复。

2. 使用 PCMCIA 卡进行 SRAM 中的数据备份和恢复。

任务 9.2　在正常画面下进行数据备份和恢复

知识点：

- 在正常画面下数据备份的内容。
- 在正常画面下进行数据备份的方法和步骤。

📝 **任务描述**

在引导区画面下进行数据备份是一次性全部备份，如果需要单独备份某项数据又该如何操作呢？本任务讲解在正常画面下进行系统参数、PMC 程序和参数、加工程序等数据的单独备份和恢复。

📋 **任务分析**

单独备份和恢复数据也是数控维修操作人员必须掌握的基本技能之一。那么单独备份数据在什么画面操作呢？操作步骤如何？本任务通过理论讲述，现场演示，实践练习达到掌握此项技能的目的。

🖥 **相关知识**

PMC 数据备份的方法和步骤如图 9-2-1～图 9-2-4 所示。

1. 系统参数

① 解除急停。

② 在机床操作面板上选择方式为 EDIT（编辑）。

③ 依次按下功能键 🖳 和 🔲，打开参数画面，如图 9-2-1 所示。

④ 依次按下"操作""文件输出""全部""执行"软键，CNC 参数被输出。

输出文件名为"CNC-PARA. TXT"。

2. PMC 程序（梯图）**的保存**

进入 PMC 画面以后，按 ［I/O］ 软键，显示如图 9-2-2 所示。

按照上述每项设定，按"执行"软键，则 PMC 梯图按照"PMC1_LAD. 001"名称保存到存储卡上。

3. PMC 参数保存

进入 PMC 画面以后，按 ［I/O］ 软键，显示如图 9-2-3 所示。

按照上述每项设定，按"EXEC"软键，则 PMC 参数按照"PMC1_PRM. 000"名称保存到存储卡上。

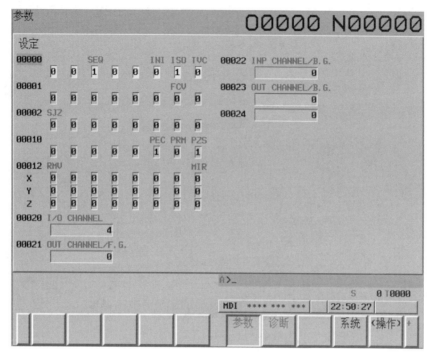

图 9-2-1　参数显示画面

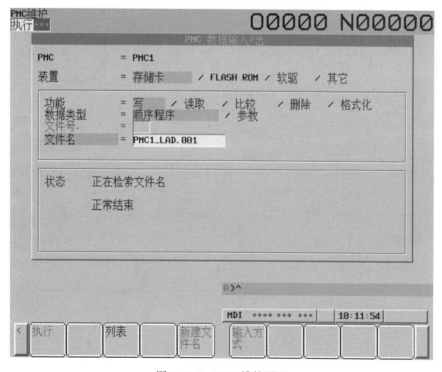

图 9-2-2　PMC 维护画面

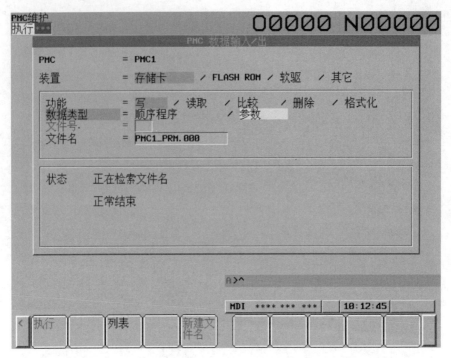

图 9-2-3　PMC 维护画面

4. 螺距误差补偿量的保存

① 依次按下 ▣ 和 ▮▮ ▮▮ 软键，显示螺距误差补偿画面，如图 9-2-4 所示。

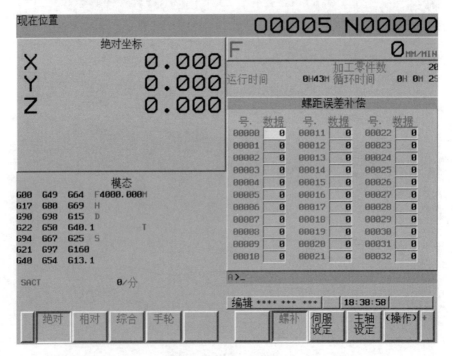

图 9-2-4　加工画面

② 依次按 [操作] [文件输出] [执行] 软键，输出螺距误差补偿量。

输出文件名为"PITCH. TXT"。

另外，刀具补偿、用户宏程序（换刀用等）、宏变量等也需要保存，操作步骤基本和上述相同，都是在编辑方式的相应画面下，依次按"操作""输出""执行"软键即可。

任务实施

1. 使用 CF 卡在编辑方式下分别备份加工程序、刀具补偿等。

2. 在 PMC 画面备份 PMC 梯图和参数。

附录 A
数控机床装调维修工理论试题

职业技能鉴定国家题库练习

数控机床装调维修工（数控机床电气维修）中级
理论知识试卷

注 意 事 项

1. 本试卷依据 2007 年颁布的《数控机床装调维修工》国家职业标准命题。
   考试时间：120 分钟。
2. 请在试卷标封处填写姓名、准考证号和所在单位的名称。
3. 请仔细阅读答题要求，在规定位置填写答案。

	一	二	总 分
得 分			

得 分	
评分人	

一、单项选择题（第 1 题～第 280 题。选择一个正确答案，将相应的字母填入题内的括号中。每题 1 分，满分 280 分。）

1. 现有金属底盘接地要焊接，应选择（　　）烙铁。

A. 25 W   B. 45 W   C. 75 W   D. 125 W

2. 25 W 的烙铁芯电阻大约为（　　）。

  A. 1 KΩ   B. 2 KΩ   C. 3 KΩ   D. 4 KΩ

3. 印制电路板的印制导线的宽度根据载流量、敷铜厚度等来决定，常在（　　）mm 范围内选择。

  A. 0.22 ~ 2.0 B. 0.60 ~ 2.2 C. 1.22 ~ 2.5 D. 1.62 ~ 2.8

4. 用电桥测量电阻时，电桥与被测电阻的连接应用（　　）的导线。

  A. 较细较短   B. 较粗较长   C. 较细较长   D. 较粗较短

5. 以下指示灯用于报警的颜色是（　　）。

  A. 白色   B. 红色   C. 黑色   D. 蓝色

6. 电阻的大小与导体的（　　）无关。

  A. 长度   B. 横截面积   C. 材料   D. 两端电压

7. 电路图的布局原则是布局合理、（　　）、画面清晰、便于看图。

  A. 排列均匀   B. 从上到下   C. 从左到右   D. 交叉最少

8. 在不停电的情况下测量三相异步电动机线电流的大小，应选用的仪表是（　　）。

  A. 万用表   B. 兆欧表   C. 直流单臂电桥 D. 钳形电流表

9. 电气接线图主要由元件、（　　）和连接线组成。

  A. 信号名称   B. 技术指标   C. 端子   D. 电气符号

10. 以下关于机床装调维修安全文明生产操作规程的论述，错误的是（　　）。

  A. 千斤顶使用前应试压，确认无漏油和回原现象时才能使用

  B. 剔铲工件时须戴好眼镜，注意铁屑飞溅方向

  C. 若是多人同时进行的作业，必须自己照顾好自己

  D. 高空作业应遵守《高处作业注意事项》

11. 装配的步骤一般是（　　）。

  A. 组件→部件→总装   B. 部件→构件→总装

  C. 构件→总装→部件   D. 总装→部件→构件

12. CPU 是 CNC 装置的核心，承担着（　　）的任务。

  A. 运算和显示 B. 存储和控制 C. 控制和运算 D. 运行和显示

13. 逻辑分析仪是专门测量和显示（　　）的测试仪器。

  A. 单路数字信号 B. 多路数字信号 C. 单路模拟信号 D. 多路模拟信号

14. （　　）是指在机床上设置的一个固定的点，是数控机床进行加工运动的基准参考点。

  A. 工件坐标原点 B. 数控机床原点 C. 组合机床原点 D. 程序原点

15. 使用电流表时要注意（　　）。

  A. 对交直流电流可以使用同一种电流表来测量

  B. 电流表必须并接到被测量的电路中

  C. 连接直流电流表时，表壳接线柱上标明的 "＋""－" 记号应与电路的极性相一致

  D. 一般被测电流的数值在电流表量程的一半以下，读数比较准确

16. 数控机床进行 DNC 加工时，从编程器传入的程序不可以含（　　）等字符。

    A. O   B. *   C. #   D. ;

17. 下列关于电动势 E 表达正确的是（　　）。

    A. 电源力把单位正电荷从电源正极移送到电源负极所做的功

    B. 电源力把单位正电荷从电源负极移送到电源正极所做的功

    C. 电动势 E 就是负载两端电压

    D. 电源力把单位负电荷从电源负极移送到电源正极所做的功

18. 用万用表测量三极管的极性，首先判别的是（　　）。

    A. 基极   B. 集电极   C. 发射极   D. 正极

19. CNC 系统一般可用好几种方式得到工件加工程序，其中 MDI 是（　　）。

    A. 利用磁盘机读入程序   B. 从串行通信接口接收程序

    C. 利用键盘以手动方式输入程序   D. 从网络通过 Modem 接收程序

20. PLC 实质是一种专用于工业控制的微机，其（　　）结构与微机基本相同，主要由 CPU、储存器和输入/输出接口三部分组成。

    A. 软件   B. 组件   C. 硬件   D. 软硬件

21. 在用户宏程序中，可以使用一般的 CNC 指令，也可使用（　　）指令。

    A. C 指令、PLC 和转移   B. 变量、PLC 和运算

    C. 变量、运算和转移   D. PLC、运算和转移

22. 印制电路板的引线孔孔径一般为元器件引线端子直径的（　　）倍。

    A. $0.1 \sim 0.5$ B. $0.6 \sim 1.0$ C. $1.1 \sim 1.5$ D. $1.6 \sim 2.0$

23. 当用验电笔测试带电体时，只要带电体与大地之间的电位差超过（　　），验电笔中的氖泡就发光。

    A. 24 V   B. 36 V   C. 45 V   D. 60 V

24. 数控系统的编辑键盘主要由数字键、功能键和（　　）组成。

    A. 软操作键   B. 显示器   C. 翻页键   D. 地址键

25. 数控系统 PLC 中顺序程序结束指令是（　　）。

    A. END   B. JMP   C. COMP   D. ADD

26. 机床空载运行时，所需的力矩（　　）切削时所需的力矩。

    A. 小于   B. 等于   C. 大于   D. 大于或等于

27. 属于数控机床的几何精度检测项目是（　　）。

    A. 各坐标方向移动时的限位测试   B. 工作精度

    C. 主运动的转速   D. 各坐标方向移动时的相互垂直度

28. 数控系统的面板主要由功能键、显示器和（　　）组成。

    A. 地址键   B. 编辑键盘   C. 机床操作面板   D. 软功能键

29. 脉冲当量是（　　）。

    A. 脉冲当量乘以进给传动机构的传动比就是机床部件的位移量

  B. 对于每一脉冲信号，机床运动部件的位移量

  C. 相对于每一脉冲信号，传动丝杠所转过的角度

  D. 相对于每一脉冲信号，步进电动机所回转的角度

30. 以下选项中属于职业道德范畴之一的是（　　　）。

  A. 职业传统和职业理想   B. 职业的良心与荣誉

  C. 专业人士和服务对象   D. 职业性质和职业素养

31. 如果没有特殊参数设定，手动操作 3 轴数控铣床时，只能移动（　　　）个轴的运动。

  A. 0   B. 1   C. 2   D. 3

32. 按低压电器的执行机构分，低压电器可分为有触点电器和（　　　）。

  A. 非自动切换电器   B. 无触点电器

  C. 控制电器   D. 固态继电器

33. 不属于爱岗敬业的具体要求是（　　　）。

  A. 树立职业理想   B. 强化职业责任   C. 提高职业技能   D. 抓住择业机遇

34. 数控机床调试通电前的检查，要对输入电源和（　　　）进行确认。

  A. 大小   B. 对称性   C. 相位   D. 频率

35. 熔断器型号 RC1A-15/10 中 C 表示（　　　）。

  A. 有填料密封管式   B. 瓷插式

  C. 自复式   D. 快速式

36. （　　　）是向液压系统提供油液的动力元件。

  A. 液压缸   B. 液压泵   C. 液压阀   D. 油箱

37. 低压熔断器的作用是（　　　）。

  A. 短路保护   B. 过压保护   C. 漏电保护   D. 前压保护

38. 当机床三色灯的绿色灯亮时，表示（　　　）。

  A. 机床有故障产生   B. 机床处于准备状态

  C. 机床正在进行自动加工   D. 机床处于非加工状态

39. 摇动兆欧表手柄的正确方法是（　　　）。

  A. 由快渐慢至发电机的额定转速 120 r/min

  B. 由快渐慢至发电机的额定转速 80 r/min

  C. 由慢渐快至发电机的额定转速 120 r/min

  D. 由慢渐快至发电机的额定转速 80 r/min

40. 可以用来检测二极管的反向击穿电压的主要仪表是（　　　）。

  A. 万用表   B. 钳形电流表

  C. 兆欧表   D. 接地电阻测量仪

41. 数控系统的编辑键盘主要由数字键、（　　　）和地址键组成。

  A. 软操作键   B. 显示器   C. 翻页键   D. 功能键

42. 数控机床在工作中，突然断电，可能的故障原因是（　　　）。

A. 切削力太大，使机床过载引起空气开关跳闸

B. 机床设计时选择的空气开关容量过大

C. 系统文件被破坏

D. 系统参数设置错误

43. 以下关于诚实守信的认识和判断中，正确的选项是（　　　）。

    A. 诚实守信与经济发展相矛盾　　　　　　B. 诚实守信是企业的无形资产

    C. 诚实守信是市场经济应有的法则　　　　D. 是否诚实守信要视具体对象而定

44. 零件加工程序的主体由若干个（　　）组成。

    A. G 指令　　　　　　B. S 指令　　　　　　C. M 指令　　　　　　D. 程序段

45. 不属于钳工主要工作内容的是（　　　）。

    A. 铰孔　　　　　　B. 毛坯制作　　　　　　C. 套丝　　　　　　D. 攻丝

46. 在制图规范中粗实线用于表示（　　　）。

    A. 断裂处的边界线　　　　　　　　　　B. 不可见轮廓线

    C. 可见轮廓线　　　　　　　　　　　　D. 对称中心线

47. 数控机床操作面板主要由（　　　）开关、进给速度调节旋钮、各种辅助功能选择开关及各种指示灯等组成。

    A. 操作模式　　　　　　B. 显示器　　　　　　C. 翻页键　　　　　　D. 地址键

48. 变频器的 U、V、W 是（　　　）端子。

    A. 电源　　　　　　B. 输出　　　　　　C. 故障输出　　　　　　D. 输出信号

49. 常见的逻辑分析仪有（　　　）个通道。

    A. 8　　　　　　B. 10　　　　　　C. 12　　　　　　D. 15

50. 关于遵守职业纪律的说法，不正确的是（　　　）。

    A. 可以防止腐败的现象发生

    B. 可以增强权威观念，保证整个生产服务过程的顺利进行

    C. 可以增强员工的自我约束力

    D. 可以防止滥用职权、腐败、违规、违章的现象发生

51. 下列电子元件可以作为开关电源的开关管的是（　　　）。

    A. 电感　　　　　　B. 电容　　　　　　C. 可控硅　　　　　　D. 单结晶体管

52. 接地装置的接地电阻必须定期复测，工作接地每隔（　　　）复测一次。

    A. 3 个月　　　　　　B. 半年　　　　　　C. 一年半　　　　　　D. 两年

53. 按低压电器的用途和所控制的对象分，低压电器可分为低压配电电器和低压（　　　）。

    A. 自动切换电器　　　　B. 有触点电器　　　　C. 控制电器　　　　　D. 继电器

54. MDI 运转可以（　　　）。

    A. 完整地执行当前程序号和程序段

    B. 通过操作面板输入一段指令并执行该程序段

    C. 按手动键操作机床

D. 可以解决 CNC 存储容量不足的问题

55. 数控系统操作面板上的 MESSAGE 功能键的作用是 ( )。

    A. 显示位置画面   B. 替换字符   C. 插入字符   D. 显示信息画面

56. 熔断器型号 RT1A-15/10 中 T 表示 ( )。

    A. 有填料密封管式   B. 瓷插式

    C. 自复式   D. 快速式

57. 手动修改数控机床间隙补偿值是 ( )。

    A. 改变工件尺寸值   B. 改变刀偏值

    C. 长度补偿   D. 补偿正反向误差值

58. 数控机床操作面板主要由操作模式开关、主轴转速倍率调整旋钮、( ) 调节旋钮、各种辅助功能选择开关、手轮、各种指示灯等组成。

    A. 进给速度   B. 显示器   C. 翻页键   D. 地址键

59. 不属于钳工主要工作内容的是 ( )。

    A. 扩孔   B. 锉削   C. 锪孔   D. 喷漆

60. 使用万用表时要注意 ( )。

    A. 使用前要机械调零

    B. 测量电阻时，转换挡位后不必进行欧姆挡调零

    C. 测量完毕，转换开关置于最大电流挡

    D. 测电流时，最好使指针处于标度尺中间位置

61. 单微处理器 CNC 装置的数据总线的位数和传送的数据相等，采用 ( ) 线。

    A. 单向   B. 双向   C. 多向   D. 混合向

62. 投影的基本特性不包括 ( )。

    A. 积聚性   B. 从属性   C. 真实性   D. 延续性

63. 交流接触器线圈控制电压不存在的是 ( )。

    A. 220 V   B. 150 V   C. 380 V   D. 110 V

64. 偏差与公差是两个 ( ) 的概念。

    A. 相同   B. 不同   C. 有时可能相同   D. 有时可能不同

65. 属于数控机床常用检测量仪的是 ( )。

    A. 刀口尺   B. 千分表   C. 螺纹环规   D. 通止规

66. 逻辑测试笔可用于判断 ( )。

    A. 脉冲的多少   B. 脉冲的极性   C. 脉冲的大小   D. 脉冲的速度

67. 能将被测量转换成可直接观测的指示值或等效信息的计量器具称为 ( )。

    A. 量规   B. 量具   C. 量仪   D. 测量装置

68. 当数控系统的输入/输出点数量满足不了机床的控制时，可增加数控系统的 ( )。

    A. RAM   B. EPROM   C. 扩展 I/O 模块   D. CPU

69. 立式铣钻数控机床的机械原点是 ( )。

A. 平面原点　　　　B. 直线端点　　　　C. 主轴端面中心　　　D. 三维面的交点

70. 测量电气设备的绝缘电阻，应选用（　　）作为最佳测量仪表。

　　A. 钳形电流表　　　B. 直流单臂电桥　　　C. 万用表　　　　　D. 兆欧表

71. 关于顾全大局的论述，错误的是（　　）。

　　A. 只顾大局，不拘小节

　　B. 顾全大局要求要树立全局观念

　　C. 顾全大局要求个人要服从集体利益需求

　　D. 顾全大局要求当个人利益与集体利益发生冲突时应以集体利益为重

72. 不属于常用硬度测试方法的是（　　）。

　　A. 简氏硬度　　　　B. 布氏硬度　　　　C. 洛氏硬度　　　　D. 维氏硬度

73. 数控系统的报警大体可以分为操作报警、程序错误报警、驱动报警及系统错误报警等，某个程序在运行过程中出现"圆弧端点错误"，这属于（　　）。

　　A. 程序错误报警　　B. 操作报警　　　　C. 驱动报警　　　　D. 系统错误报警

74. 数控系统编辑键盘上的 EOB 键的作用主要是结束一行程序的输入并且（　　）。

　　A. 删除　　　　　　B. 换行　　　　　　C. 翻页　　　　　　D. 检索

75. 螺距误差补偿值根据实际测量的滚珠丝杠（　　）确定。

　　A. 公差　　　　　　B. 误差　　　　　　C. 尺寸　　　　　　D. 长度

76. 以下选项中属于职业道德范畴之一的是（　　）。

　　A. 从业理念和从业目标　　　　　　　　B. 职业的责任与纪律

　　C. 专业人士和服务对象　　　　　　　　D. 职业性质和职业素养

77. 数控铣床的三个相互垂直的坐标轴分别构成三个坐标平面，在编程时必须用平面选择指令 G19 来指定在（　　）平面内进行加工。

　　A. XZ　　　　　　　B. XY　　　　　　　C. YA　　　　　　　D. YZ

78. 对于万用表的使用，下列描述中不正确的是（　　）。

　　A. 对于模拟式万用表，必须先调准指针的机械零点

　　B. 在进行高压测量时，必须注意人体和仪表的安全，严禁带电切换开关

　　C. 测量结束后，应将转换开关置于空挡或电阻最高挡

　　D. 使用万用表测量时，必须正确选择参数挡和量程挡

79. 下列不属于熔断器组成的是（　　）。

　　A. 熔体　　　　　　B. 熔座　　　　　　C. 熔料　　　　　　D. 熔管

80. 水平接地体相互距离应不小于（　　）米。

　　A. 2　　　　　　　　B. 3　　　　　　　　C. 4　　　　　　　　D. 5

81. 兆欧表主要由磁电系比率表、测量线路和（　　）三大部分组成。

　　A. 手摇直流发电机　　　　　　　　　　B. 手摇交流发电机

　　C. 脉冲产生器　　　　　　　　　　　　D. 三相异步电动机

82. 测量过程中所涉及的长度、角度、形状、相对位置、表面粗糙度、螺纹、齿轮等零件的

几何参数称为（　　　）。

    A. 检测项目　　　　　　B. 被测对象　　　　　　C. 测量要素　　　　　　D. 被测项目

83. 电路图的布局原则是（　　　）、排列均匀、画面清晰、便于看图。

    A. 交叉最少　　　　　　B. 从上到下　　　　　　C. 从左到右　　　　　　D. 布局合理

84. 恒温式电烙铁主要通过控制（　　　）而实现温控。

    A. 电压　　　　　　　　B. 电流　　　　　　　　C. 电阻　　　　　　　　D. 通电时间

85. 逻辑测试笔可用于测试电路处于（　　　）。

    A. 高电平

    B. 低电平

    C. "不高不低"的浮空电平

    D. 高电平、低电平、"不高不低"的浮空电平

86. 下列关于爱岗敬业的说法中，你认为正确的是（　　　）。

    A. 市场经济鼓励人才流动，再提倡爱岗敬业已不合时宜

    B. 即便在市场经济时代，也要提倡"干一行、爱一行、专一行"

    C. 要做到爱岗敬业就应一辈子在岗位上无私奉献

    D. 在现实中，我们不得不承认，"爱岗敬业"的观念阻碍了人们的择业自由

87. 属于数控机床的定位精度项目的是（　　　）。

    A. 各坐标方向移动时的限位测试　　　　B. 直线运动重复定位精度

    C. 主运动的转速　　　　　　　　　　　D. 各坐标方向移动时的相互垂直度

88. 脉冲信号笔发出的脉冲是（　　　）。

    A. 单脉冲　　　　　　　　　　　　　　B. 连续脉冲

    C. 单脉冲和连续脉冲　　　　　　　　　D. 单脉冲或连续脉冲

89. 职业道德指的是人们在特定的职业活动中应（　　　）的行为规范总和。

    A. 执行　　　　　　　　B. 履行　　　　　　　　C. 遵守　　　　　　　　D. 遵循

90. 电路图的布置应（　　　），且元器件纵横位置应平齐。

    A. 输入端在上，输出端在下　　　　　　B. 输入端在下，输出端在上

    C. 输入端在右，输出端在左　　　　　　D. 输入端在左，输出端在右

91. 数控系统回零方式（REF）的操作按钮为（　　　）。

    A. ▣　　　　　　　　　B. ▣　　　　　　　　　C. ▣　　　　　　　　　D. ▣

92. 关于万用表使用方法的描述，错误的是（　　　）。

    A. 使用万用表前必须仔细阅读使用说明书，了解转换开关的功能

    B. 模拟式万用表电阻量程的选择，最好使指针处在标度尺的三分之二以上的位置

    C. 对于模拟式万用表，必须先调准指针的机械零点

    D. 使用万用表时必须正确选择参数挡和量程挡

93. 在数控机床电路图中，电路编号的一般顺序是（　　　）。

    A. 自左至右或自上而下　　　　　　　　B. 自左至右或自下而上

C. 自右至左或自上而下　　　　　　　　　D. 自右至左或自下而上

94. 数控机床伺服驱动系统的控制电源和主电源加载的顺序是（　　　）。

　　A. 先加载伺服主电源，后加载伺服控制电源

　　B. 先加载伺服控制电源，后加载伺服主电源

　　C. 伺服主电源和控制电源同时加载

　　D. 不用考虑伺服主电源和控制电源的加载顺序

95. 通常情况下，三相混合式步进电动机驱动器的 RDY 指示灯亮时表示（　　　）。

　　A. 驱动器报警　　　B. 开机初始状态　　　C. 脉冲输入状态　　　D. 驱动器准备好

96. 不属于数控系统网络通信接口的是（　　　）。

　　A. MAP 接口　　　B. 以太网接口　　　C. 现场总线接口　　　D. 并行接口

97. 属于常用的细化晶粒方法之一是（　　　）。

　　A. 震动处理　　　B. 增加温度　　　C. 增加压力　　　D. 时效处理

98. 直接通过操作面板输入数控程序和编辑程序的工作模式是（　　　）。

　　A. 自动方式　　　B. 录入方式　　　C. 编程方式　　　D. 回零方式

99. 数控机床操作面板主要由操作模式开关、主轴转速倍率调整旋钮、进给速度调节旋钮、各种（　　　）选择开关、手轮、各种指示灯等组成。

　　A. 地址键　　　B. 显示器　　　C. 翻页键　　　D. 辅助功能

100. 绘制印制板导电图形图的第一步是确定参考原点，参考原点一般设在印制板图的（　　　）。

　　A. 右上角　　　B. 右下角　　　C. 左上角　　　D. 左下角

101. 数控机床最常采用的安全措施是（　　　）。

　　A. 动力线和信号线分开安装　　　　　　B. 信号线用屏蔽线

　　C. 保护接地　　　　　　　　　　　　　D. 动力线使用屏蔽线

102. 溢流阀、换向阀属于液压传动系统中的（　　　）。

　　A. 辅助元件　　　B. 执行元件　　　C. 控制元件　　　D. 动力元件

103. 数控机床总电源接通后，检查各种（　　　）在允许的波动范围内后，才能接通 CNC 电源。

　　A. 直流电流　　　B. 直流电压　　　C. 交流电流　　　D. 交流电压

104. 数控程序按程序段的表达形式可分为固定顺序格式、表格顺序格式、（　　　）格式三种。

　　A. 字符字母　　　B. 字母数字　　　C. 字地址　　　D. 地址字母

105. 下列选项中，不属于按时间划分质量目标的是（　　　）。

　　A. 中长期质量目标　　　　　　　　　　B. 年度质量目标

　　C. 短期质量目标　　　　　　　　　　　D. 月份质量目标

106. 劳动合同的设立目的在于（　　　）及终止劳动双方当事人的劳动关系。

　　A. 确立　　　　　　　　　　　　　　　B. 变更

C. 解除   D. 确立、变更、解除

107. 下列表示变频器正转的显示是（   ）。

    A. RUN   B. STOP   C. FWD   D. REV

108. 数控系统在 MDI 运转时，可以一次从 LCD/MDI 面板上输入（   ）。

    A. 一个程序的指令   B. 一个程序段的指令

    C. 两个程序段的指令   D. 无数个程序段的指令

109. （   ）是用来确定工件坐标系的基本坐标系，其坐标和运动方向视机床的种类结构而定。

    A. 局部坐标系   B. 编程坐标系   C. 机床坐标系   D. 世界坐标系

110. 加工坐标系在（   ）后不被破坏（再次开机后仍有效），并与刀具的当前位置无关。

    A. 机床导轨维修   B. 停机间隙调整   C. 工件重新安装   D. 系统切断电源

111. 用直流单臂电桥测量约为几十欧的电阻时，应选用（   ）挡比例臂。

    A. ×0.001   B. ×0.01   C. ×0.1   D. ×1.0

112. 以下关于职业道德论述，错误的是（   ）。

    A. 职业道德依靠文化、内心信念和习惯，通过员工的自律实现

    B. 职业道德大多没有实质的约束力和强制力

    C. 职业道德能起到调节企业与市场的作用

    D. 职业道德的主要内容是对员工义务的要求

113. 数控机床接口状态信息常以二进制的 0、1 来显示，对正逻辑来说（   ）。

    A. 1 表示无效状态，0 表示有效状态   B. 0 表示无效状态，1 表示有效状态

    C. 0、1 表示的状态要看具体参数来定   D. 0、1 表示的状态要看具体电路来定

114. 测量电流时，应把电流表（   ）到被测量的电路中。

    A. 并接   B. 串接   C. 并接或串接   D. 不用连接

115. 焊接时关于焊锡用量的表达，正确的是（   ）。

    A. 越多越好   B. 越小越好

    C. 要全部覆盖焊点表面   D. 不能过多

116. "裸机"是指（   ）的计算机。

    A. 没有操作系统   B. 有操作系统   C. 只有软件系统   D. 只有硬件系统

117. 锁紧回路属于（   ）中的一种。

    A. 压力控制回路   B. 方向控制回路

    C. 速度控制回路   D. 多缸工作控制回路

118. 数控系统编辑键盘上的 RESET 键的作用主要是使 CNC 复位、（   ）等。

    A. 替换   B. 删除程序   C. 清除报警   D. 结束换行

119. 在程序中同样轨迹的加工部分，只需制作一段程序，把它称为（   ），其余相同的加工部分通过调用该程序即可。

    A. 固化程序   B. 调用程序   C. 子程序   D. 循环指令

120. 数控系统面板的单步方式和手轮方式选择键是（　　）。

    A. 同一个键　　　　　B. 两个不同的键　　　　C. 只有单步键　　　　D. 只有手轮键

121. 1安等于（　　）微安（μA）。

    A. 1000　　　　　　　B. 100　　　　　　　　C. 10000　　　　　　D. 1000000

122. 电功率的定义是（　　）。

    A. 电压在单位时间内所做的功　　　　　　　B. 电压在单位时间内所发的热

    C. 电流在单位时间内所做的功　　　　　　　D. 电流在单位时间内所发的热

123. 数控系统消除报警号100的组合按钮为（　　）。

    A. Reset+Can　　　　　　　　　　　　　　B. Delete+Can

    C. Reset+Delete　　　　　　　　　　　　　D. Shift+Can

124. 数控的定义为："用（　　）信号对机床运动及其加工过程进行控制的一种方法。"

    A. 脉冲　　　　　　　B. 物理　　　　　　　　C. 模拟　　　　　　　D. 数字化

125. 钎焊热容量大的母材时，错误的操作是（　　）。

    A. 预先加热母材　　　　　　　　　　　　　B. 加上焊锡熔化

    C. 焊锡和烙铁同时移去　　　　　　　　　　D. 烙铁先移去

126. 低压断路器的结构由触头系统、灭弧装置、操作机构、热脱扣器、（　　）及绝缘外壳等组成。

    A. 触头　　　　　　　B. 电磁脱扣器　　　　　C. 按钮　　　　　　　D. 接线柱

127. 液压传动系统最常用的工作介质是（　　）。

    A. 液压油　　　　　　B. 水　　　　　　　　　C. 空气　　　　　　　D. 泡沫

128. 下面关于逻辑分析仪的描述，正确的是（　　）。

    A. 逻辑分析仪显示的被测信号的波形和通用示波器显示的相同

    B. 逻辑分析仪通常只有16个通道

    C. 逻辑分析仪可进行数据、地址的预置或跟踪检查

    D. 逻辑分析仪不能检查时序电路各点信号的时序关系是否正确

129. 电桥使用完毕后，应先切断电源，拆除被测电阻，然后（　　）。

    A. 将转换开关置于最高量程　　　　　　　　B. 进行机械调零

    C. 更换电池　　　　　　　　　　　　　　　D. 将检流计的锁扣锁上

130. 数控机床的切削精度在很大程度上取决于（　　）。

    A. 刀尖位置　　　　　B. 刀刃位置　　　　　　C. 刀柄位置　　　　　D. 刀背位置

131. 在机床各坐标轴的终端设置有极限开关，由程序设置的行程称为（　　）。

    A. 软极限　　　　　　B. 硬极限　　　　　　　C. 极限行程　　　　　D. 安全行程

132. 不属于钳工主要工作内容的是（　　）。

    A. 矫正　　　　　　　B. 弯曲　　　　　　　　C. 焊接　　　　　　　D. 铆接

133. 梯形图，当常开触点R999.1的状态为0时，输出线圈R999.1的状态为（　　）。

    A. 0　　　　　　　　　　　　　　　　　　　B. 1

C. 时而为 0 时而为 1　　　　　　　　　　　D. 10

134. 经济型（包括改造式）数控车床，多配置（　　）自动转位刀架。

A. 四工位　　　　　B. 六工位　　　　　C. 八工位　　　　　D. 十工位

135. 下列关于质量目标制订的错误论述是（　　）。

A. 确保质量目标与质量方针保持一致　　　　B. 应充分考虑企业未来的需求

C. 考虑顾客和相关方的要求　　　　　　　　D. 考虑企业管理评审的结果

136. 加工程序的编辑、检索、存储、传输是在（　　）方式中进行。

A. 自动　　　　　　B. 编辑　　　　　　C. 手动　　　　　　D. 回零

137. 数控系统的报警大体可以分为操作报警、程序错误报警、驱动报警及系统错误报警等，"CMOS 存储器写出错"报警属于（　　）报警。

A. 操作报警　　　B. 系统错误报警　　　C. 驱动报警　　　D. 程序错误报警

138. 信号名称 ST 指的是（　　）。

A. 数控机床的急停输入信号　　　　　　　B. 数控机床的循环启动输入信号

C. 数控机床的机械回零减速输入信号　　　D. 数控机床的暂停输入信号

139. 数控机床液压系统中溢流阀的主要作用是（　　）。

A. 转换信号　　　B. 控制压力方向　　　C. 降低噪声　　　D. 维持定压

140. 启动诊断通常在（　　）分钟内完成。

A. 1　　　　　　　B. 2　　　　　　　C. 3　　　　　　　D. 4

141. 在同一套图中使用（　　）种形式的图形符号。

A. 1　　　　　　　B. 2　　　　　　　C. 3　　　　　　　D. 4

142. 元件引线表面会产生氧化膜，因此焊接前要清除氧化膜再（　　）。

A. 剪断　　　　　　B. 加锡　　　　　　C. 加热　　　　　　D. 搪锡

143. 下列选项中，不属于环境保护法立法目的的选项是（　　）。

A. 保护和改善生活环境与生态环境　　　　B. 防治污染和其他公害，保障人体健康

C. 促进世界各国的交流　　　　　　　　　D. 促进社会主义现代化建设发展

144. 属于数控机床的切削精度项目的是（　　）。

A. 圆弧切削精度　　　　　　　　　　　　B. 回转运动重复定位精度

C. 主运动的转速　　　　　　　　　　　　D. 各坐标方向移动时的相互垂直度

145. 调用系统内部存储的加工程序进行自动加工的工作模式是（　　）。

A. 自动方式　　　B. 录入方式　　　C. 编程方式　　　D. 回零方式

146. 分断能力指的是开关电器在规定的条件下，能在给定的电压下分断的（　　）值。

A. 预期分断电压　　B. 预期分断电流　　C. 操作循环次数　　D. 时间间隔

147. 关于电流表的使用，不正确的说法是（　　）。

A. 电流表必须串接到被测量的电路中

B. 连接直流电流表时，表壳接线柱上标明的"+""-"记号应与电路的极性相反

C. 对交、直流电流应分别使用交流电流表和直流电流表来测量

D. 一般被测电流的数值在电流表量程的一半以上，读数较为准确

148. 对液压传动特点，错误的论述是（　　　）。

A. 对油温的变化不敏感　　　　　　　　B. 故障的查找困难

C. 可实现无级调速　　　　　　　　　　D. 操作简单

149. 在电气接线图中，连续线表示两端子之间导线的线条是（　　）的。

A. 中断　　　　　B. 连续　　　　　C. 平行　　　　　D. 垂直

150. 在第一次接通数控系统电源前，应先将波段开关指向（　　），显示将运行的加工程序号。

A. 启动　　　　　B. 自检　　　　　C. 点动　　　　　D. 空运行

151. 开环控制系统中部件的移动速度和位移量由（　　）决定。

A. 输入脉冲的频率和脉冲数　　　　　　B. 输入电流的类型和大小

C. 输入电压的类型和大小　　　　　　　D. 方波信号的大小

152. 电路组件的焊接，不宜采用（　　）做焊剂。

A. 强碱　　　　　B. 松香油脂　　　　　C. 椰子油　　　　　D. 松香酒精溶液

153. 属于数控机床的基本技术资料的是（　　）。

A. 机床的装配工艺　　　　　　　　　　B. 机床电器装配图纸

C. 系统参数说明书　　　　　　　　　　D. 机床的包装要求

154. 热继电器控制电路不通，可能的原因是（　　）。

A. 负载侧短路电流过大　　　　　　　　B. 热元件烧断

C. 整定值偏大　　　　　　　　　　　　D. 热继电器动作后未复位

155. 属于数控机床的定位精度检测项目是（　　）。

A. 各坐标方向移动时的限位测试　　　　B. 回转运动重复定位精度

C. 主运动的转速　　　　　　　　　　　D. 各坐标方向移动时的相互垂直度

156. 含有变量的程序称为（　　）。

A. 主程序　　　　　B. 宏程序　　　　　C. 源程序　　　　　D. 加工程序

157. 劳动合同的立定原则包括（　　）。

A. 合法、公平

B. 平等自愿、协商一致

C. 诚实信用

D. 合法、公平；平等自愿、协商一致；诚实信用

158. 不属于钳工主要工作内容的是（　　）。

A. 钻孔　　　　　B. 划线　　　　　C. 包装　　　　　D. 錾削

159. 下面关于数控机床供电系统的说法，正确的是（　　）。

A. 配电箱可以与其他设备串用

B. 电源始端有良好的接地

C. 进入数控机床的三相电源应采用三相四线制

D. 电柜内交、直流电线的敷设不用分开

160. 不属于数控车床接通电源前外观检查项目的是（　　）。

    A. 切削液液面
                        B. 机床上各处的防护门是否关闭

    C. 液压卡盘的卡持方向
              D. 液压油箱上油标的液面位置

161. 电阻器的型号 RJ61 表示（　　）。

    A. 普通碳膜电阻
                        B. 普通有机实心电阻

    C. 精密碳膜电阻
                        D. 精密金属膜电阻

162. 编程时，一般选择工件上的某一点作为程序原点，并以这个原点作为坐标系的原点，建立一个新的坐标系，该坐标系称为（　　）。

    A. 安装坐标系　　　　B. 工件坐标系　　　　C. 刀具坐标系　　　　D. 机床坐标系

163. 使用测电笔时（　　）。

    A. 被测电压不得低于测电笔的标称电压

    B. 被测电压不得高于测电笔的标称电压

    C. 被测电压应等于测电笔的标称电压

    D. 不用考虑被测电压值与测电笔的标称电压值

164. RH60 的焊锡是（　　）。

    A. 含锡量 60%，含铅量 40% 的焊剂

    B. 含锡量 60%，含铅量 40% 且有松香的焊剂

    C. 含锡 40%，含铅量 60% 的焊剂

    D. 含锡 40%，含铅量 60% 且有松香的焊剂

165. 在形位公差中"◎"表示（　　）。

    A. 同轴度　　　　　　B. 位置度　　　　　　C. 圆柱度　　　　　　D. 圆度

166. 用万用表测直流电流时，各挡的测量值均偏高，产生这种故障的原因是（　　）。

    A. 分流电阻值偏低
                        B. 表头的游丝被绞住

    C. 与表头串联的电阻值变大
            D. 与表头串联的电阻值变小

167. 电气系统图和框图的框采用矩形框，框内注释通常用（　　）示出。

    A. 文字　　　　　　　B. 符号和图形　　　　C. 文字和符号　　　　D. 图形

168. 属于数控机床常用检测量仪的是（　　）。

    A. 测微仪　　　　　　B. 游标卡尺　　　　　C. 螺纹环规　　　　　D. 通止规

169. 在一闭合电路中电源电动势等于 1.5 V，内阻上的压降等于 0.3 V，电流为 0.6 A 则负载电阻为（　　）欧。

    A. 1　　　　　　　　　B. 2　　　　　　　　　C. 3　　　　　　　　　D. 4

170. 在电气接线图中，当用简化外形表示端子所在项目时，可不画（　　），仅用端子代号表示。

    A. 电气符号　　　　　B. 线号　　　　　　　C. 导线　　　　　　　D. 端子图形符号

171. 数控机床刀具的移动如果超出行程极限上限点与下限点之间的三维空间范围，机床会

立即（　　），避免发生危险。

    A. 自动运行　　　　　B. 启动电动机　　　　C. 停止显示　　　　D. 停止运动

172. 从通用 PC 向 CNC 传入加工程序是通过（　　）接口。

    A. RS232　　　　　　B. 输入/输出　　　　　C. 光电隔离　　　　D. 总线

173. 常用数控系统 PLC 编程软件的主界面组成元素包括工作区窗口、梯图编辑区、（　　）和状态栏等。

    A. 功能模块管理栏　　　　　　　　　　　B. 信息栏

    C. 菜单栏　　　　　　　　　　　　　　　D. 时间显示区

174. 数控机床通电前对直流电源检查的内容不包括（　　）。

    A. 电源电压有无短路　　　　　　　　　　B. 电源电压有无接地

    C. 继电器的动作　　　　　　　　　　　　D. 各熔断器的质量和规格

175. A4 图幅的尺寸是（　　）mm。

    A. 594×814　　　　　B. 210×297　　　　　C. 420×594　　　　D. 297×420

176. 按下（　　）按钮时，NC 停止工作，CRT 显示报警信息"EMG"。

    A. 暂停　　　　　　　B. 急停　　　　　　　C. 主轴停　　　　　D. 电源断开

177. 金属材料的疲劳强度用（　　）表示。

    A. α　　　　　　　　B. ρ　　　　　　　　C. δ　　　　　　　D. σ

178. 下面（　　）不属于 CNC 装置的基本功能。

    A. 主轴功能　　　　　B. 进给功能　　　　　C. 准备功能　　　　D. 图形显示功能

179. IC 在线测试仪可以检查（　　）。

    A. 脉冲的极性　　　　B. 脉冲的连续性　　　C. 脉冲电平　　　　D. 各种电路板

180. 当润滑泵中的润滑油位（　　）最低液面时，数控机床面板上的润滑报警指示灯亮。

    A. 高于　　　　　　　B. 等于　　　　　　　C. 低于　　　　　　D. 高于或等于

181. 数控系统电源的关闭，一般情况下不在（　　）进行。

    A. 自动工作循环结束，自动循环按钮的指示灯熄灭时

    B. 机床移动部件停止运动后

    C. 机床与外部的输入、输出设备停止运作且切断电源后

    D. 主轴匀速转动时

182. 交流接触器噪声大，不可能产生这种故障的原因是（　　）。

    A. 电源电压过低　　　B. 短路环断裂　　　　C. 铁芯不能吸平　　D. 铁芯磨损过大

183. 数控系统操作面板上的 ALTER 功能键的作用是（　　）。

    A. 显示位置画面　　　B. 替换字符　　　　　C. 插入字符　　　　D. 显示信息画面

184. 用万用表测量交流电压时，测量值读数比实际值小一半左右，故障原因可能是（　　）。

    A. 转换开关接触不好

    B. 部分整流元件损坏，全波整流变成半波整流

C. 表头灵敏度降低

D. 表头被短路

185. 返回机床参考点的工作模式是（　　）。

　　A. 自动方式　　　　　B. 录入方式　　　　　C. 编程方式　　　　　D. 回零方式

186. 尺寸标注的三要素为（　　）。

　　A. 尺寸界限、箭头、尺寸数字　　　　　　　B. 尺寸界限、箭头、尺寸线

　　C. 尺寸数字、箭头、尺寸线　　　　　　　　D. 尺寸数字、箭头、标注线

187. 限位开关在机床电路中起的作用是（　　）。

　　A. 过载保护　　　　　B. 行程控制　　　　　C. 短路保护　　　　　D. 欠压保护

188. 数控系统内印制电路板上的短路棒的设定内容有控制部分、速度单元和（　　）的印制电路板。

　　A. 数控装置　　　　　B. 直流电源　　　　　C. 主轴控制单元　　　　D. 伺服系统

189. 在电气系统图和框图中，框与框、框与图形符号之间的连接用（　　）表示。

　　A. 双实线　　　　　　B. 单实线　　　　　　C. 双虚线　　　　　　D. 单虚线

190. 有关焊剂的叙述，错误的是（　　）。

　　A. 焊剂大体上分为腐蚀性与非腐蚀性两种

　　B. 松香是非腐蚀性的

　　C. 以松香为焊剂的无酸性

　　D. 焊剂是消除焊点表面氧化的化学物品，俗称焊油

191. 根据步进电动机的矩频特性，转速的提高必须伴随着输出力矩的（　　）。

　　A. 提高　　　　　　　B. 降低　　　　　　　C. 恒定不变　　　　　D. 提高或降低

192. 利用刀具的（　　）补偿功能，可使刀具中心自动偏离工件轮廓一个刀具半径。

　　A. 半径　　　　　　　B. 直径　　　　　　　C. 长度　　　　　　　D. 角度

193. 加工形状复杂、精度要求较高、品种更换频繁的工件时，数控机床更具有良好的（　　）。

　　A. 经济性　　　　　　B. 连续性　　　　　　C. 稳定性　　　　　　D. 可行性

194. 数控系统的手动进给值一般采用（　　）输入。

　　A. 英寸　　　　　　　B. 毫米　　　　　　　C. 厘米　　　　　　　D. 英寸或毫米

195. 不属于电热材料特点的是（　　）。

　　A. 抗氧化能力好　　　　　　　　　　　　　B. 足够的机械强度

　　C. 工作温度高　　　　　　　　　　　　　　D. 电阻小

196. 数控系统液晶屏的显示亮度与环境（　　）有较大的关系。

　　A. 湿度　　　　　　　B. 温度　　　　　　　C. 压力　　　　　　　D. 噪声

197. 程序暂停的指令是（　　）。

　　A. M00　　　　　　　B. M01　　　　　　　C. M08　　　　　　　D. M09

198. 数控机床操作面板主要由操作模式开关、进给速度调节旋钮、各种辅助功能选择开关、

各种（　　　）等组成。

  A. 显示器   B. 指示灯   C. 翻页键   D. 地址键

199. 执行手动输入的一行或多行指令的工作模式是（　　　）。

  A. 自动方式   B. 录入方式   C. 编程方式   D. 回零方式

200. 当（　　　）确定以后，工件处于直角坐标的象限亦随之确定。

  A. 编程零点   B. 刀具零点   C. 机床零点   D. 夹具零点

201. 下面说法中不属于数控机床电气系统通电调试电源检查项目的是（　　　）。

  A. 要检查电源电压是否与机床设定相匹配

  B. 检查频率转换开关是否置于相应的位置

  C. 检查确认变压器的容量是否满足控制单元和伺服系统的电能消耗

  D. 确认数控系统内印制电路板上短路棒的设定点

202. 摇动万用表表头时，指针摆动不正常，产生这种故障的原因是（　　　）。

  A. 机械平衡不好   B. 表头串联电阻损坏或脱焊

  C. 表头被短路   D. 与表头串联的电阻值变大

203. 常规加工程序由开始符、程序名、（　　　）和程序结束指令组成。

  A. G 指令   B. S 指令   C. M 指令   D. 程序主体

204. 数控机床操作面板上（　　　）按键为 ON 时，机床不移动，但位置坐标的显示和机床运动时一样，并且 M、S、T 代码指令都能执行。

  A. 进给保持   B. 程序选择停   C. 全轴机床锁住   D. 辅助功能锁住

205. 数控系统操作面板上的 INSRT 功能键的作用是（　　　）。

  A. 显示位置画面 B. 替换字符   C. 插入字符   D. 显示信息画面

206. 下面选项中，不属于刀具材料基本性能指标的是（　　　）。

  A. 高硬度   B. 足够的强度和韧性

  C. 良好的耐磨性和耐热性   D. 较强的抗拉强度

207. 在机床各坐标轴的终端设置有极限开关，由极限开关设置的行程称为（　　　）。

  A. 软极限   B. 硬极限   C. 极限行程   D. 行程保护

208. 已知电池的开路电压为 1.5 V，接上 9 Ω 的负载电阻时，其端电压为 1.35 V，则电池内阻 R 的阻值为（　　　）。

  A. 10   B. 11   C. 12   D. 13

209. 逻辑分析仪可以显示出各被测点的（　　　）。

  A. 逻辑电平   B. 逻辑顺序   C. 脉冲宽度   D. 脉冲数目

210. 如果选择了数控系统的程序段跳过功能，那么执行程序时含有"/"的程序段指令（　　　）。

  A. 无效   B. 有效   C. 循环执行   D. 停止执行

211. 加工中心、数控铣床的共同部件是（　　　）。

  A. 立柱、刀库、工作台   B. 底座、刀库、工作台

C. 主轴、刀库、工作台　　　　　　　　　D. 立柱、主轴箱、工作台

212. 按下数控系统操作面板上的 POS 功能键时，系统会显示（　　）画面。

　　A. 宏程序　　　　　　B. 位置　　　　　　C. 刀偏设定　　　　　　D. 系统

213. 安装调试加工中心时，数控系统 CRT 显示器上突然出现无显示故障，而机床还可继续运转。停机后再开，又一切正常，产生这种故障的原因可能是（　　）。

　　A. 系统参数有误

　　B. 电源功率不够

　　C. 系统文件被破坏

　　D. 显示电路板上某个集成块的管脚没有完全插入插座中

214. 排除数控机床某轴超程报警的可行办法是（　　）。

　　A. 关闭数控系统电源　　　　　　　　　B. 按下急停按钮

　　C. 手动反向运动该轴　　　　　　　　　D. 切掉该轴限位开关电源

215. 关于诚实守信的说法，不正确的是（　　）。

　　A. 诚实守信是市场经济法则

　　B. 诚实守信是企业的无形资产

　　C. 奉行诚实守信的原则在市场经济中必定难以立足

　　D. 诚实守信是为人之本

216. IC 在线测试仪的特点是（　　）。

　　A. 能够对焊接在电路板上的芯片直接进行测试

　　B. 只能检查电路板，不能检查芯片

　　C. 能估计脉冲的占空比和频率范围

　　D. 能够判断输出的脉冲是连续的还是单个的

217. 用兆欧表测量电力设备对地的绝缘电阻时，正确的接线是（　　）。

　　A. 将 G 接到被测设备上，E 可靠接地　　B. 将 L 接到被测设备上，E 可靠接地

　　C. 将 E 接到被测设备上，G 可靠接地　　D. 将 G 接到被测设备上，L 可靠接地

218. 职业道德的特点之一是（　　）。

　　A. 强制性　　　　　　　　　　　　　　B. 法律效力

　　C. 发展的历史继承性　　　　　　　　　D. 可依性

219. （　　）由编程者确定。编程时，可根据编程方便原则，确定在工件的任何位置。

　　A. 刀具零点　　　　B. 对刀零点　　　　C. 工件零点　　　　D. 机床零点

220. 下列选项中，属于环境污染控制途径的选项是（　　）。

　　A. 化工污染控制　　B. 物理污染控制　　C. 噪声污染控制　　D. 农业污染控制

221. （　　）电烙铁主要通过控制通电时间而实现温控。

　　A. 恒压式　　　　　　B. 恒流式　　　　　C. 恒阻式　　　　　D. 恒温式

222. 熔断器型号 RC1A-15/10 中 15 表示（　　）。

　　A. 设计代号　　　　　　　　　　　　　B. 熔断器额定电流

C. 熔体额定电流   D. 电源额定电流

223. 松脂心焊锡中的焊剂的功用为（   ）。

    A. 防止温度过高   B. 增加烙铁导热

    C. 降低焊锡熔点   D. 除去焊接表面氧化物

224. 液压马达是液压系统中的（   ）。

    A. 动力元件   B. 执行元件   C. 控制元件   D. 增压元件

225. 为了确保 IC 不被损伤，焊接 IC 脚的时间（烙铁碰触到 IC 脚算起）应小于或等于
（   ）秒。

    A. 10   B. 3   C. 25   D. 60

226. 关于电阻，下列表达正确的是（   ）。

    A. 电阻越大越好

    B. 等长度的两种电阻材料，电阻率小的电阻大

    C. 等长度的两种电阻材料，电阻率大的电阻小

    D. 绝缘电阻的单位用兆欧（MΩ）表示

227. （   ）不可能造成数控系统的软件故障。

    A. 数控系统后备电池失效   B. 操作者的误操作

    C. 程序语法错误   D. 输入/输出电缆线被压扁

228. 给线槽配线时不可以直接放在同一线槽内的是（   ）。

    A. 电压在 65 V 及以下

    B. 同一设备或同一流水线的动力和控制回路

    C. 弱电线路与动力线路

    D. 三相四线制的照明回路

229. 当机床三色灯的黄色灯亮时，表示（   ）。

    A. 机床处于准备状态   B. 机床正在进行自动加工

    C. 机床有故障产生   D. 机床在维修中

230. 在电气系统图和框图中，机械连接通常用虚线，并在连接线上用（   ）表明作用过程和方向。

    A. 箭头   B. 数字   C. 代码   D. 文字

231. 锡焊用的松香焊剂适用于（   ）。

    A. 所有电子器件和小线径线头的焊接

    B. 小线径线头和强电领域小容量元件的焊接

    C. 大线径线头焊接

    D. 大截面导体表面的加固搪锡

232. 数控机床总电源接通后，首先应（   ）。

    A. 检查数控柜内各风扇是否旋转，确认电源是否接通

    B. 调节 CNC 参数

C. 设置各进给轴行程

D. 传送 PLC 程序

233. 焊接前需对元件引线进行加工，不要将引线齐根弯曲，所以特别要注意引线的（　　）。

   A. 头部 　　　　　　B. 氧化膜 　　　　　　C. 根部 　　　　　　D. 尾部

234. 当机床三色灯的红色灯亮时，表示（　　）。

   A. 机床处于准备状态 　　　　　　　　　　B. 机床有故障

   C. 机床处于非加工状态 　　　　　　　　　D. 机床正在进行自动加工

235. 进行通电试车确认电源相序时，电源相序可用（　　）或示波器来测量。

   A. 相序表 　　　　　　B. 电桥 　　　　　　C. 图示仪 　　　　　　D. 万用表

236. 因系统外部干扰引起故障的机床在使用过程中经常会出现无规律的"死机"，最常用的排除办法是（　　）。

   A. 关机重新启动 　　　　　　　　　　　　B. 重新输入系统参数

   C. 重新编写 PLC 程序 　　　　　　　　　D. 检查电气控制系统各模块的连接

237. 下列不属于 CNC 系统自诊功能的是（　　）。

   A. 启动诊断 　　　　　　B. 在线诊断 　　　　　　C. 离线诊断 　　　　　　D. 远程诊断

238. 适合数控加工的零件其内腔和外形最好采用（　　）的几何类型和尺寸。

   A. 不同 　　　　　　B. 统一 　　　　　　C. 系列化 　　　　　　D. 多样化

239. 按钮接触头弹簧失效会造成（　　）后果。

   A. 触头烧损 　　　　　　　　　　　　　　B. 触头表面有尘垢

   C. 触头接触不良 　　　　　　　　　　　　D. 触头间短路

240. 数控铣床的机床零点，一般设在铣床工作台的（　　）上。

   A. 左后角 　　　　　　B. 左前角 　　　　　　C. 右前角 　　　　　　D. 右后角

241. 应用插补原理的方法有多种，如（　　）法、数字积分法及单步追踪法等。

   A. 三角函数 　　　　　　B. 平面几何 　　　　　　C. 逐点比较 　　　　　　D. 作图

242. 按低压电器的动作方式分，低压电器可分为自动切换电器和（　　）。

   A. 控制电器 　　　　　　　　　　　　　　B. 继电器

   C. 无触点电器 　　　　　　　　　　　　　D. 非自动切换电器

243. 下列关于质量目标制订的错误论述是（　　）。

   A. 确保质量目标与质量方针保持一致 　　　B. 应充分考虑企业未来的需求

   C. 考虑顾客和相关方的要求 　　　　　　　D. 考虑企业管理评审的结果

244. 用验电笔测直流电时，氖管里（　　）发光。

   A. 两极同时发强光

   B. 两极都不发光

   C. 两个极中只有一个极发光

   D. 两个极中一个极发强光另一个极发弱光

245. 刃倾角为负值时，切削加工时切屑流向（　　　）。

    A. 待加工表面　　　　B. 已加工表面　　　　C. 主后刀面　　　　D. 前面

246. 测量完毕，应将钳形电流表的量程开关置于（　　　）位置上。

    A. 最小　　　　B. 中间　　　　C. 最大　　　　D. 随便

247. 数控系统在自动运行时，单程序段控制指的是（　　　）。

    A. 只能执行简单的程序　　　　　　　　B. 程序的所有程序段接连运行

    C. 跳过指定的程序段　　　　　　　　　D. 执行完程序的一个程序段之后停止

248. 数控系统编辑方式（Edit）的操作按钮为（　　　）。

    A. ▣　　　　　　B. ▣　　　　　　C. ▣　　　　　　D. ▣

249. 标准的电气系统图和框图是用符号和（　　　）来表示的。

    A. 矩形框　　　　　　　　　　　　　　B. 带注释的矩形框

    C. 元器件代号　　　　　　　　　　　　D. 元器件图形

250. 常用的电烙铁都是利用电流的（　　　）进行工作的。

    A. 磁效应　　　　B. 电效应　　　　C. 热效应　　　　D. 静电效应

251. 为了保证刀具能准确地在主轴和刀库之间交换，必须使用数控机床（　　　）功能。

    A. 直线插补　　　　B. 准备　　　　C. 主轴准停　　　　D. 图形显示功能

252. 数控机床的编程就是把零件加工工艺过程、工艺参数、（　　　）以及刀具位移量等信息，用数控系统所规定的语言记录在程序单上的全过程。

    A. 机床输入信号名称　　　　　　　　　B. PLC 信号定义名称

    C. 机床的电流值　　　　　　　　　　　D. 机床位移量

253. （　　　）是合适的普通导电材料，主要用于制造电线电缆。

    A. 铁和铝　　　　B. 铁和铜　　　　C. 铜和铝　　　　D. 铜和钢

254. 劳动合同在本质上是一种（　　　）。

    A. 协议　　　　B. 协商　　　　C. 商量　　　　D. 合作

255. 下面关于验电笔作用的描述中，不正确的说法是（　　　）。

    A. 验电笔可以区分电压的高低　　　　　B. 验电笔可以区别直流电和交流电

    C. 验电笔可以区别零线和地线　　　　　D. 验电笔可以区别直流电的正负极

257. 在万用表的电阻挡，调节零位时，指针跳跃不稳，故障原因可能是（　　　）。

    A. 转换开关公共端引线断开　　　　　　B. 电池无电压输出

    C. 调零电位器接触不良　　　　　　　　D. 电池容量不足

258. 职业道德活动中，符合"仪表端庄"具体要求的是（　　　）。

    A. 着装华贵　　　　B. 衣着整洁得体　　　　C. 饰品俏丽　　　　D. 发型突出个性

259. 数控机床（　　　）时可输入单一命令使机床动作。

    A. 快速进给　　　　B. 手动数据输入　　　　C. 回零　　　　D. 手动进给

260. 线性尺寸的一般公差规定中的"精密级"用（　　　）表示。

    A. f　　　　　　B. m　　　　　　C. c　　　　　　D. v

261. 电气接线图中各个项目，如元件、器件等，一般用（　　）表示，也可用图形符号表示。

  A. 正方形　　　　　　B. 矩形　　　　　　　C. 圆形　　　　　　　D. 简化外形

262. 当 CNC 电源接通后，首先要（　　），才能正常使用。

  A. 确认印制电路板上短接棒的设定　　　　B. 设定各种参数

  C. 传输加工程序　　　　　　　　　　　　D. 运转各进给轴

263. 数控系统的报警大体可以分为操作错误报警、程序错误报警、驱动报警及系统错误报警等，某机床在运行过程中出现"指令速率过大"报警，这属于（　　）。

  A. 系统错误报警　　B. 程序错误报警　　C. 操作错误报警　　D. 驱动报警

264. 用钳形电流表测量小电流载流导线时，可把载流导线多绕几圈再放入钳口测量，被测的实际电流值就等于读数（　　）放进钳口中的导线圈数。

  A. 加上　　　　　　B. 减去　　　　　　　C. 乘以　　　　　　　D. 除以

265. 对于数控系统控制轴参数的设定，正确的说法是（　　）。

  A. 其设定值小于机床实际轴数　　　　　　B. 其设定值大于机床实际轴数

  C. 其设定值等于机床实际轴数　　　　　　D. 其设定值与机床实际轴数无关

266. 数控系统的机床接口输出信号主要用于驱动机床侧的继电器和（　　）。

  A. 接近开关　　　　B. 极限开关　　　　　C. 指示灯　　　　　　D. 电动机

267. 按下数控系统的（　　）按钮，机床开始在程序的控制下加工零件。

  A. 暂停　　　　　　B. 主轴正传　　　　　C. 循环启动　　　　　D. 复位

268. 固态继电器 JGX-2F/2FA 的输出电流为（　　）。

  A. 交流 1 A　　　　B. 直流 2 A　　　　　C. 直流 1 A　　　　　D. 交流 2 A

269. 以下论述不正确的是（　　）。

  A. 数控机床的加工效率高于普通机床

  B. 数控机床的加工质量高于普通机床

  C. 数控机床的自动化程度低于普通机床

  D. 相对而言，数控机床可加工复杂零件而通机床只能加工简单零件

270. 对于数控机床进给轴的运动控制，电动机的驱动器首先从 CNC 获得一个（　　）信号。

  A. 方向　　　　　　B. 使能　　　　　　　C. 减速　　　　　　　D. 零位

271. 使用数控系统时，按下［位置］键后，欲使显示屏按顺序显示［相对］、［绝对］、［总和］、［位置/程序］画面，需按（　　）键。

  A.［程序］　　　　B.［翻页］　　　　　C.［位置］　　　　　D.［设置］

272. 数控系统的直线插补功能不能通过（　　）调试出来。

  A. 手动方式　　　　B. 手轮方式　　　　　C. MDI 方式　　　　　D. 编辑方式

273. 逻辑测试笔可用于判断（　　）。

  A. 脉冲的连续性　　B. 脉冲宽度　　　　　C. 脉冲周期　　　　　D. 脉冲频率

274. 在加工中心上，刀库控制与自动交换刀具控制是数控机床（　　）的重要部分。

  A. 加工程序控制   B. 逻辑控制   C. 继电器控制   D. 伺服系统控制

275. 关于万用表使用方法的描述，（　　）是错误的。

  A. 使用万用表前必须仔细阅读使用说明书，了解转换开关的功能

  B. 使用万用表时必须正确选择参数挡和量程挡

  C. 使用万用表时应注意两支测量表笔的正、负极性

  D. 对于模拟式万用表，选择电流或电压量程时，最好使指针处在标度尺的中间位置

276. 下图为焊锡熔解的方法，（　　）是不允许的。

  A. a   B. b   C. c   D. a 及 c

277. 连接直流电流表时，表壳接线柱上标明的"＋""－"记号，应（　　）。

  A. 和电路的极性相反   B. 和电路的极性相一致

  C. 只接"＋"极，不接"－"极   D. 不用考虑电路的极性

278. 直流单臂电桥的测量电路接通后，若检流计指针向"＋"方向偏转，解决办法是（　　）。

  A. 减小比例臂电阻   B. 增大比例臂电阻

  C. 减小比较臂电阻   D. 增大比较臂电阻

279. 印制电路板的导线图形图通常选在（　　）上绘制。

  A. 白色打印纸   B. 坐标网格纸

  C. 薄铜箔   D. 敷铜环氧酚醛纸

280. 钳形电流表的主要优点是（　　）。

  A. 不必切断电路就可以测量电流   B. 准确度高

  C. 灵敏度高   D. 功率损耗小

二、判断题（第281题～第400题。将判断结果填入括号中。正确的划"√"，错误的划"×"。每题1分，满分120分。）

281. 数控系统 PLC 中将 ST0 的状态与指定地址的信号状态相"与"后，再置于 ST0 中的指令是 AND。（　　）

282. 数控机床操作面板上的进给保持键可以使机床的自动运转结束，变成复位状态。（　　）

283. 设备管理伴随近代工业的发展而发展。（　　）

284. 标题栏中的文字方向是看图的方向。（　　）

285. 砂轮机只要转动正常就可使用。（　　）

286. 数控操作面板是经过 PLC 与 CNC 进行连接。 （　　）

287. 数控系统的 RS-232 接口常用于和机床的输入信号连接。 （　　）

288. 输入程序名为 O-9999，按删除键可删除存储器的全部程序。 （　　）

289. 直线铣削精度属机床切削精度。 （　　）

290. 主轴最高转速是可以用系统参数设定的。 （　　）

291. 给数控机床配线时高电平与低电平的信号线可以捆扎在一起。 （　　）

292. 按下数控系统操作面板上的 PROG 功能键时，系统会显示位置画面。 （　　）

293. 用万用表的交流电压挡测量交流电压值时，指针轻微摆动或指示值极小，产生这种故障的原因可能是万用表中的整流器被击穿了。 （　　）

294. 流过一导体的电流与导体两端的电压成反比，与导体的电阻成正比。 （　　）

295. 刮削属于钳工的主要工作内容之一。 （　　）

296. 质量方针为质量目标提供了制定和评审的框架。 （　　）

297. 无填料封闭管式熔断器可以用于交流额定电压 380 V 以下及电流 600 A 以下的电力线路中作过载保护。 （　　）

298. 交流异步电动机定子绕组中接线图不能表示定子槽和线圈数。 （　　）

299. 数控机床的人机对话界面由数控系统操作面板和机床操作面板组成。 （　　）

300. 数控机床的"辅助功能锁住"开关置于 ON 时，M、S、T 代码指令不能执行。 （　　）

301. 定位数控系统硬件故障部位的常用方法有静态测量法和动态测量法两种。 （　　）

302. 在电气接线图中：中断线表示两端子之间导线的线条是中断的，在中断处必须标明导线的去向，标记符号对应关系。 （　　）

303. 尺寸线可以用其他图线代替。 （　　）

304. 经过修理的机床设备（试运转中未发现）在使用中发现修理质量有问题时，原负责修理人得到通知后，应及时前往现场检查察看并负责保修到底。 （　　）

305. 在 ISO 标准中，数控机床的 G 代码共有从 G00~G99 共 100 种。 （　　）

306. 诚实守信可以带来经济效益。 （　　）

307. 进给伺服驱动系统实际上是外环为速度环，内环为位置环的控制系统。 （　　）

308. 通过给系统变量赋值可以改变数控系统接口输出信号的状态。 （　　）

309. 数控机床加工程序的编制方法一般分为手工编程、自动编程两大类。 （　　）

310. 数控机床快速移动倍率最低挡（F0）可以在系统参数中设定。 （　　）

311. 在带有大电容的设备中电源停电就可以立即测量工作。 （　　）

312. 数控机床的定位精度会影响到工作精度。 （　　）

313. 对于步进电动机的选用，如果系统要求步进电动机的特性曲线较硬，则应选择二相步进电动机。 （　　）

314. 比例是指图样中图形与实物相应要素的线性尺寸之比。 （　　）

315. 状态型参数是指每项参数的八位二进制数位中，每一位都表示了一种独立的状态或者是某种功能的有无。 （　　）

316. 按下数控系统操作面板上的 SYSTEM 功能键时，系统会显示位置画面。　　　（　　）

317. 硬限位可以在系统参数中设定。　　　（　　）

318. 电流互感器的 K2 端可以不用接地。　　　（　　）

319. 数控系统主轴转速 S 指令值不可以在录入方式下输入。　　　（　　）

320. 劳动保护是指保护劳动者在劳动生产过程中的安全与健康。　　　（　　）

321. 图形符号可以根据需要，将整个图形随意旋转任意角度。　　　（　　）

322. 人机对话编程功能的作用是方便编程。　　　（　　）

323. 当电路出现漏电时断路器会自动跳闸切断电源。　　　（　　）

324. 数控机床各轴的回零方向可以在系统参数中设定。　　　（　　）

325. 欠压继电器的线圈并联在被测线路两端。　　　（　　）

326. 用来实现数字化信息控制的硬件和软件的整体称为数控系统。　　　（　　）

327. EPROM 和 RAM 是 CNC 装置的重要组成部分，它通过速度控制单元，驱动进给电动机输出功率和扭矩，实现进给运动。　　　（　　）

328. 钳形表不使用时，应将量程放在最低挡。　　　（　　）

329. 职业与职业道德指的是不同的概念。　　　（　　）

330. 砂轮机是钳工作业场地的主要设备之一。　　　（　　）

331. 电源是将电能转换为非电能的装置。　　　（　　）

332. 钳台是钳工作业场地的主要设施之一。　　　（　　）

333. 波浪线在电气线路图中表示移动或用电设备的软电缆或软电线。　　　（　　）

334. 直流电动机的调速方法有机械调速和电气调速两种。　　　（　　）

335. 质量方针为质量目标提供了制定和评审的框架。　　　（　　）

336. 逻辑信号笔只能用来判断电路处于高电平还是低电平。　　　（　　）

337. 如果采用负电源供电，则三极管的类型应该是 NPN。　　　（　　）

338. 车床线路维修时，电缆终端的芯线可以不用作出明显的相位色标。　　　（　　）

339. 城市中不必要的照明和娱乐用探照灯属于环境污染。　　　（　　）

340. 电位是有正数、负数的。　　　（　　）

341. 数控系统面板的功能软键是可以变化的，在不同的界面下随屏幕最下一行的软件功能提示而有不同的用途。　　　（　　）

342. 数控机床的进给伺服系统接受来自 CNC 对每个运动坐标轴分别提供的速度指令，通过调节速度与电流输出信号，驱动伺服电动机转动，实现机床坐标轴运动。　　　（　　）

343. 数控铣床的床身与普通铣床的床身结构基本相同。　　　（　　）

344. 数控系统的参数可通过 RS232 口使用 PC 进行数据备份和恢复。　　　（　　）

345. 三相负载作星形连接时，相线与中性线上均安装熔断器。　　　（　　）

346. 漏电保护开关应接在重复接地点的前端。　　　（　　）

347. 测电笔不能用于检查低压导体是否带电。　　　（　　）

348. 文明礼貌是职业道德规范的重要条件之一。　　　（　　）

349. 异步电动机的调速方法主要有改变磁极对数调速、改变转差率调速和改变电源频率调速三种。　　　　　　　　　　　　　　　　　　　　　　　　　　　　（　　）

350. 绝对坐标系，各轨迹点的坐标位置均相对其坐标系的前一点来确定。（　　）

351. 单相三线制的地线必须直接与独立的接地体连接。　　　　　　（　　）

352. 绝缘漆分为浸渍漆、覆盖漆、硅钢片漆3种。　　　　　　　　　（　　）

353. 高速钢的硬度高于硬质合金钢。　　　　　　　　　　　　　　　（　　）

354. 数控车床的坐标系用 X 代表轴向，用 Z 代表径向。　　　　　　（　　）

355. CNC 装置主要由硬件和软件组成，软件主要包括管理软件和控制软件两大类。（　　）

356. 劳动合同具有主体的平等性与从属性的特征。　　　　　　　　（　　）

357. 当数控车床的冷却指示灯亮时，表明冷却已接通；当冷却指示灯熄灭时，表明冷却已断开。　　　　　　　　　　　　　　　　　　　　　　　　　　　　（　　）

358. 尺寸数字一般写在尺寸线的上方或中断处。　　　　　　　　　（　　）

359. 常见的伺服电动机轴负载主要有负载扭矩和负载惯量两种。　　（　　）

360. 不同螺距的丝杠与不同一转脉冲数的伺服电动机相配时，通过系统的电子齿轮比参数设定，可以使编程与实际运动距离保持一致。　　　　　　　　　　　　　　（　　）

361. 不同的职业有不同的职业道德。　　　　　　　　　　　　　　（　　）

362. 机床精度只能通过检测仪器来检测。　　　　　　　　　　　　（　　）

363. 维修作业完毕后，一定要认真检查机床齿轮箱内是否有遗留的零件和工具。（　　）

364. 数控机床维修人员不一定掌握所有数控机床的应用。　　　　　（　　）

365. 低压电器的电寿命是指在规定的正常工作条件下，机械开关电器不需要修理或更换的负载操作循环次数。　　　　　　　　　　　　　　　　　　　　　　　　（　　）

366. 验电器是检验导线和电气设备是否带电的一种电工常用检测工具。（　　）

367. 载荷切削加工测试是必须做的。　　　　　　　　　　　　　　（　　）

368. 质量要求反映的是顾客明确的和隐含的需要。　　　　　　　　（　　）

369. 在台钻上钻孔时不允许戴手套。　　　　　　　　　　　　　　（　　）

370. 当刀具底刃加工时，为了保证加工尺寸的准确，要在数控系统里设定刀具长度补偿值。　　　　　　　　　　　　　　　　　　　　　　　　　　　　　　　　（　　）

371. 流过一根导线的电流越大存在其周围的磁场越小。　　　　　　（　　）

372. 数控机床的主轴功能的控制指令是 F 指令。　　　　　　　　　（　　）

373. 数控系统显示方面的故障大致可分为完全无显示和显示不正常两种类型。（　　）

374. 热电偶传感器是利用热电效应的原理制成的。　　　　　　　　（　　）

375. 电源内部的电阻称为内电阻。　　　　　　　　　　　　　　　（　　）

376. 研磨属于钳工的主要工作内容之一。　　　　　　　　　　　　（　　）

377. 绘制系统图和框图时，按布局要求，应先画出主电路各方框（骨架部分），然后再画出辅助电路的方框。　　　　　　　　　　　　　　　　　　　　　　　　（　　）

378. 行程开关在使用中要定期检查和保养，除去油垢及粉尘。　　　（　　）

379. 测量时接地线要与被保护的设备断开。 （ ）

380. 在数控系统的故障自诊断中主程序的诊断任务是随时检测存储器、位置伺服、计数接口电路等各种硬件是否有故障存在；而控制程序中的诊断程序主要是检查零件加工程序中的非法字符、非法编程格式等。 （ ）

381. 质量方针应建立在质量目标的基础之上。 （ ）

382. 企业的有些管理条律在某些情况下可以违背《宪法》精神。 （ ）

383. 光电脉冲编码器受到污染时容易造成信号丢失。 （ ）

384. 升温法在使用时要注意元器件的温度参数。 （ ）

385. 焊接基本步骤（五步焊接法）是：①准备施焊；②加热焊件；③送入焊丝；④移开焊丝；⑤移开工件。 （ ）

386. "5S" 管理能使设备故障下降 5%，保证安全生产。 （ ）

387. 劳动合同法只保障有劳动合同的劳动者。 （ ）

388. 工步是装配过程中的最小单元。 （ ）

389. 装配质量对产品的质量影响不大。 （ ）

390. 用数据输入的方式或 MDI 方式测定 G00 和 G01 下的各种进给速度，一般允差 10%。 （ ）

391. 空运行是对程序进行初步校验。 （ ）

392. 水平仪是用来测量平行度的。 （ ）

393. 电阻串联时，各电阻消耗的功率与电阻的大小成正比。 （ ）

394. 地址数字格式程序是目前国际上较为通用的一种程序格式。 （ ）

395. CNC 装置的硬件故障泛指所有的电子器件故障、接插件故障、线路板故障与线缆故障。 （ ）

396. 高频振荡型接近开关由振荡器、输出电路与感应头三部分组成。 （ ）

397. 职业道德是一个行业全体人员的行为表现。 （ ）

398. 在自动方式下，启动"选择跳段"功能时，当程序执行到带有 "/" 语句时，则跳过这个语句不执行。 （ ）

399. 焊接时，焊锡过多过少都会造成焊接不牢。 （ ）

400. 诚实守信是每个劳动者都应具有的品质。 （ ）

附录 B
数控机床装调维修工实践试题

2016 年江苏省职业学校技能大赛选拔赛实践试题

赛 题 说 明

1. 比赛时间 240 分钟，赛题包括八个任务。

2. 除表 B–1 中有说明外，不限制各任务先后顺序。

表 B–1　任务及说明

序　号	名　称	说　明	配　分
任务一	四工位电动刀架装配		10%
任务二	数控车床精度调整与检测		15%
任务三	电气安装与连接		30%
任务四	故障诊断与排除	比赛开始 60 分钟后可请求帮助	30%
任务五	拓展功能设计	中职组无此任务	10%
任务六	整机联调	在任务三、四、五之后完成	7%
任务七	零件编程与加工		7%
任务八	数据备份	最后完成该任务	1%
	安全文明操作	贯穿整个比赛过程	

3. 比赛过程中，如果发生危及设备或人身安全的事故，立即停止比赛并计零分。

4. 选手如果对赛题内容有疑问或需裁判确认，应当先举手示意，等待裁判前来处理。

5. 比赛需要的所有资料都以电子版的形式保存在所在工位计算机的桌面上。

6. 选手在竞赛过程中应该遵守相关的规章制度和安全守则，如有违反，则按照相关规定扣除相应分值。

7. 选手在排除故障的过程中，如因为选手的原因造成设备出现新的故障，酌情扣分。但如果在竞赛的时间内将故障排除，不予扣分。选手放弃故障请求裁判技术支持，支持时间计算在竞赛时间内。若确因设备问题影响比赛，报请裁判长酌情补时。

8. 选手严禁携带任何通信、存储设备及技术资料，如有发现将取消其竞赛资格。

9. 选手必须认真填写各类附件，竞赛完成后所有文档按页码顺序一并上交。

安全文明操作

该项任务参照表 B-2 内容，由裁判裁定并记录。

表 B-2　安全文明操作

扣　分　项	详　细　记　录
违反赛场纪律和规定	
扰乱比赛进行	
操作不符合安全规程	
着装不规范	
工具摆放不整齐	
比赛结束未清扫场地	
比赛结束未按要求将设备归位	
其他事项	

任务一　四工位电动刀架装配（10%）

根据四工位电动刀架装配结构图，合理选用工具和量具，按照正确步骤和装配工艺，完成四工位电动刀架的装配。装配完成后，转动蜗杆轴，实现刀架的抬起、转位、定位、锁紧。本任务必须在裁判监督下完成，由裁判填写装配记录表（见表 B-3），现场评分，并签字确认。

表 B-3　刀架装配记录表

序　号	装配内容	装配步骤配分	装配工艺配分	备　注
1	定位盘			
2	蜗杆轴承			
3	蜗杆			
4	涡轮			
5	端面轴承及中心轴			
6	信号线			
7	丝杠			
8	定位销及上刀体			
9	固定盘			
10	端面轴承			

续表

序　号	装 配 内 容	装配步骤配分	装配工艺配分	备　注
11	大螺母			
12	发信盘			
13	小螺母			
14	磁钢定位盘			
15	连接信号线			
16	防护盖			
17	联轴器			
18	电动机座及电动机			
19	电动机电源线及信号线			
20	电动机防护罩			
21	刀架调试-抬起			
23	刀架调试-转位			
24	刀架调试-定位			
25	刀架调试-锁紧			

任务二　机械精度检测与调整（15%）

根据《简式数控卧式　第1部分　精度检验》GB/T 25659.1—2010 中有关条文规定的方法及内容，对表 B-4 中的数控车床主要几何精度进行调整和检测，要求调整、检测方法规范。本任务必须在裁判监督下完成，现场评分，签字确认。

表 B-4　调整内容

序号	项目	调整、检测简图	分　项	检测方法配分	检测结果配分	实测值
1	数控车床水平调整	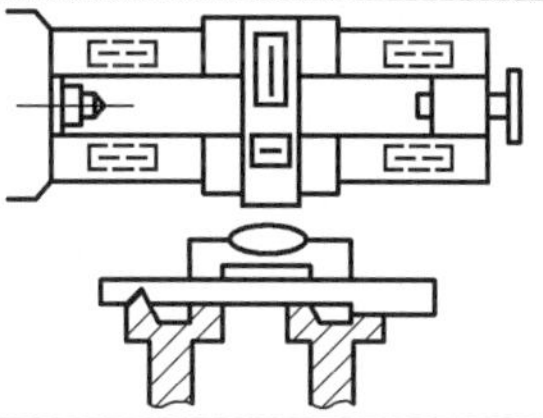	X方向：≤0.04/1000			
			Z方向：≤0.04/1000			
2	主轴轴线对溜板移动的平行度	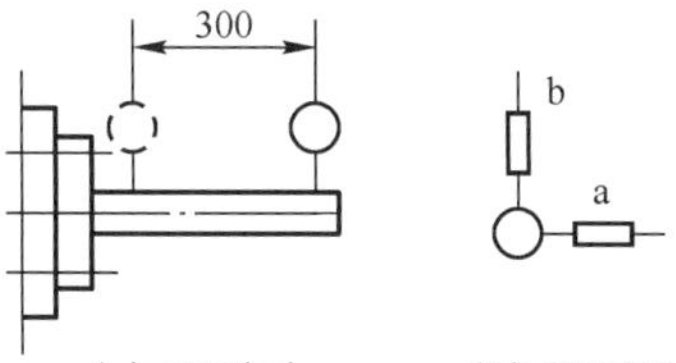 （a）ZX平面　　（b）YZ平面	（a）在300测量长度内检测在ZX平面内			
			（b）在300测量长度内检测在YZ平面内			

序号	项目	调整、检测简图	分 项	检测方法配分	检测结果配分	实测值
3	顶尖的跳动	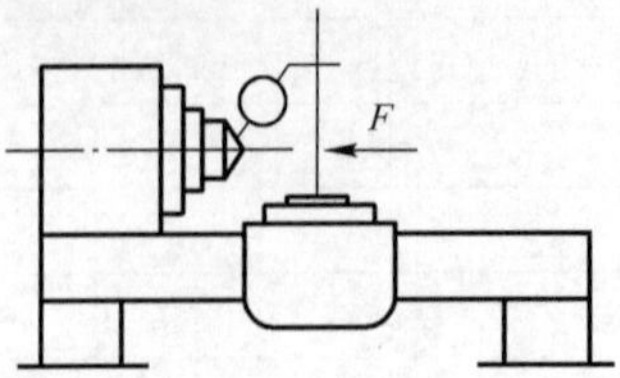	顶尖角为60°			
4	尾座移动对溜板移动的平行度	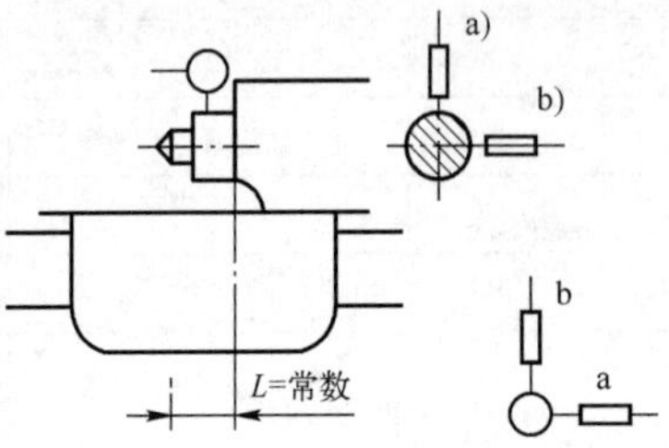 (a) ZX平面　(b) YZ平面	(a) 在 ZX 平面内			
			(b) 在 YZ 平面内			
5	横刀架横向移动对主轴轴线的垂直度	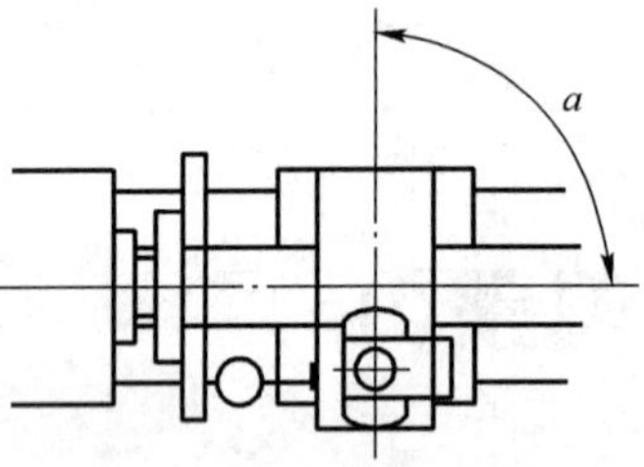	检测盘直径：$\phi 120\,mm$			
6	卡盘安装		装配方法			
合计						

任务三　电气安装与连接（30%）

1. 具体要求

（1）根据任务三完成的电器原理图，正确选择元器件并安装到电气底板上，元器件应标注与图纸一致的代号。

（2）电气板上所有连接应与电气原理图一致。

（3）元器件布局布线应合理规范。

（4）导线线径和颜色应符合图纸要求。

（5）正确选用冷压端头，端头压接应牢固可靠。

（6）导线与元器件连接处需穿号码管，号码管的标号应清晰规范与图纸一致。

2. 注意事项

（1）比赛现场提供打印好的导线号码管与元器件代号贴纸，请根据需要选择使用。

（2）请不要插拔实验台正面的接插件连线。

（3）请不要改变电气底板上已经连接好的电缆接线。

（4）电气底板与数控系统、电气底板与各电动机之间的连接均通过电气底板上的接线端子排转接，各端子的位置已经排好，请按照标号正确使用。

（5）电气底板上的接线完成后，经航空插头与实验台连接。

（6）由裁判检查后方可通电联调，如果发现可能危及安全的接线错误，由选手改正，并扣除相应分值。

任务四　故障诊断与排除（30%）

1. 故障可能涉及硬件和软件，可综合参数、PMC（PLC）程序、硬件、线路等（见表 B-5）知识，通过必要的检测，做出判断、排除故障，消除报警，实现表 B-6 所要求的功能。并将故障现象和排除的故障点记录在表 B-7 中。

表 B-5　所设置或修改的参数

功　能　要　求	参　数　号	设　定　值	备　注
设定轴名称（标准 ISO 定义 X 轴和 Z 轴）			
略（根据比赛设备具体规格型号给出要求）			

表 B-6　要求实现的功能

序号	功　能　分　类	具　体　要　求
1	急停	按下急停按钮，机床处于急停状态。释放急停按钮，退出急停，急停报警信息消失
2	各进给轴手动运行	
3	手轮功能	
4	主轴	
5	换刀功能	
6	冷却	
	其他功能	

表 B-7　故障现象描述和故障点记录表

序号	故障现象描述	故　障　点
1		
2		
3		
4		
5		
6		
7		
8		
9		

序号	故障现象描述	故 障 点
10		
11		
12		
13		
14		
15		
16		
17		

2. 选手若无法排除，且某故障存在影响后续任务进行，可在比赛开始60分钟后，请求裁判帮助排除故障，扣除相应配分，并签字确认。比赛过程中，选手最多可以请求裁判帮助两次。

3. 功能完成后，必须报请裁判验收，并签字确认，验收后，结果不再更改，验收时间含在比赛时间内。

任务五 拓展功能设计与调试（高职组 10%）

在数控系统中已有 PLC 程序的基础上，根据具体任务要求，完成梯形图程序设计，并下载到数控系统中，对相应功能进行调试。

1. 具体要求

（1）设计机床防护门的 PMC 控制程序并调试。

（2）自动方式下，防护门未关闭到位时，数控系统出现报警提示，指示灯以 1 s 为周期闪烁，无法启动加工程序。

（3）手动方式下，操作面板上的钥匙开关接通后，通过按键可以打开、关闭防护门。门开关键按下 30 s 后，如果门没有打开或关闭到位，数控系统出现报警提示。

（4）自动加工过程中，防护门不能打开。

2. 重要提示

（1）可以使用实验台完成拓展功能的调试。

（2）梯形图程序务必保存到 CNC 的 FROM 中，否则断电会丢失。

（3）该任务完成后，必须报请裁判现场验收调试结果，并对完成情况进行记录。

任务六 整机联调（7%）

本任务要求将任务三完成的电气板和比赛设备对接，完成整机联调。任务三完成的电气板在通电调试前须经裁判和技术人员确认。如果裁判和技术人员发现可能危及安全的错误，扣除相应分值，选手和裁判签字确认，并由选手改正。若技术人员和裁判未检查出错误，联调产生的安全问题由选手负责。若由于选手安装调试错误，危及设备和人身安全，立即停止比赛，总分记为零分。验收时间含在比赛时间内。

1. 电气板和比赛设备连接前，在裁判监督下完成下列任务：在副柜总进线断电情况下，合上所有的空气开关，按要求测量点间的电阻填入表 B-8。

表 B-8　断电情况下测量电阻值

测量点 （线号）	电阻值 （Ω）	测量点 （线号）	电阻值 （Ω）	测量点 （线号）	电阻值 （Ω）

2. 电气板和比赛设备连接后，在裁判监督下完成下列任务：

（1）按下急停按钮并断开电气板上所有空气开关，给电气板总电源进线通电。

（2）有步骤地、规范合理地给各部件通电并测量以判断接线是否正确。

（3）各线路通电以后，根据要求测试机床主要功能，记录测试结果，并签字确认。

任务七　零件编程与加工（7%）

编制如图 B-1 所示零件的加工程序，输入数控系统并完成零件加工。毛坯为 $\phi40×70$ 的棒料，材料硬铝。如来不及将程序输入系统，可以将程序写在答题纸上，但扣除程序输入及加工部分的配分。

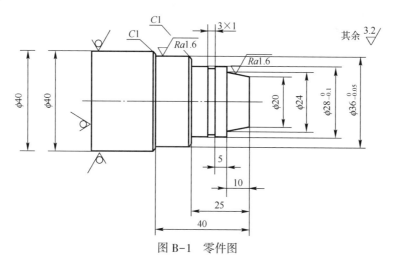

图 B-1　零件图

任务八　数据备份（1%）

完成机床参数、PMC 程序、加工程序等备份。

如果选手无法完成某项数据的备份，可报请裁判帮助完成，扣除相应任务的配分。

参 考 文 献

[1] 付承云. 数控机床安装调试与维修现场实用技术[M]. 北京：机械工业出版社，2011.

[2] FANUC 0i 系统安装与调试说明书.

[3] 北京发那科机电有限公司. Beijing-FANUC 0i-D 维修说明书[Z]. 2010.

[4] BEIJING-FANUC 机电有限公司. FANUC 0i-D 系统功能说明书：软件[Z]. 2010.

[5] BEIJING-FANUC 机电有限公司. FANUC 0i-D 系统功能说明书：硬件[Z]. 2010.

[6] 李宏胜，等. FANUC 数控系统维护与维修[M]. 北京：高等教育出版社，2011.

[7] 吴国经. 数控机床床故障诊断与维修[M]. 北京：电子工业出版社，2005.

[8] 王爱玲. 数控机床故障诊断与维修[M]. 北京：机械工业出版社，2010.

[9] 邓三鹏. 现代数控机床故障诊断与维修[M]. 北京：国防工业出版社，2009.

[10] 蒋洪平. 数控设备故障诊断与维修[M]. 北京：北京理工大学出版社，2006.

[11] 严峻. 数控机床常见故障快速处理 86 问[M]. 北京：机械工业出版社，2009.

[12] 郑小年，杨克冲. 数控机床故障诊断与维修[M]. 武汉：华中科技大学出版社，2005.

[13] 中国国家标准化管理委员会. JB/T 25659.1—2010 简式数控卧式车床精度[S]. 北京：中国标准出版社，2011.

高等职业教育机电类专业"十三五"规划教材

数控机床电气装调与维修实训手册

冯金冰　主　编

尹昭辉　邹　强　曹　剑　副主编

中国铁道出版社有限公司
CHINA RAILWAY PUBLISHING HOUSE CO., LTD.

目 录

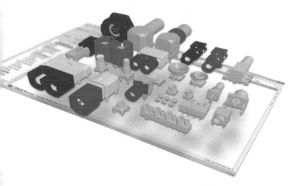

项目一
数控机床装调维修工工种认识

导语：

    数控机床装调维修工是使用相关工具、工装、仪器，对数控机床进行装配、调试和维修的人员，需要具有较强的学习、理解、计算能力；具有较强的空间感、形体知觉、听觉和色觉，手指、手臂灵活，形体和动作协调性强。

    本项目学习后，要求学习者能够达到以下目标：

（1）了解数控机床装调维修工的工作内容；

（2）掌握数控机床装调维修工的等级和分类；

（3）能够根据数控机床装调维修工职业资格标准制订学习和培训计划。

一、知识预习

根据教材完成下列问题：

1. 数控机床装调维修工分哪几类？

2. 数控机床装调维修工需要掌握哪些知识和技能？（可制作思维导图）

3. 申报数控维修工职业资格都需要什么条件？

二、知识强化

请根据教材及上网查询，完成下列问题：

1. 数控机床装调维修工分为（   ）个等级。

    A. 3个   B. 4个   C. 5个   D. 6个

2. 申报数控机床装调维修工中级职业资格最低需要（   ）学历。

    A. 初中   B. 高中   C. 专科   D. 本科

3. 数控机床装调维修工职业资格认证需要考核（   ）。

    A. 只需要考核理论知识   B. 只需要考核实践技能

    C. 理论知识和实践技能都需要考核

4. 下列不属于数控机床装调维修工职业资格鉴定理论考核范围的是（　　　）。

    A. 机械制图　　　　　B 工程材料　　　　C. 公差与配合　　　　D. 机床电气

    E. 数控编程　　　　　F. 机械设计

5. 数控机床装调维修工中级职业资格鉴定培训需要（　　　）学时。

    A. 不少于 300 学时　　　　　　　　　　B. 不少于 400 学时

    C. 不少于 500 学时　　　　　　　　　　D. 不少于 600 学时

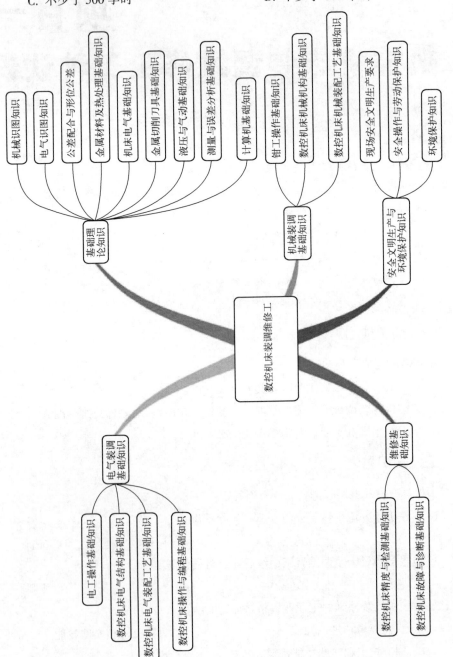

项目二
数控机床电气系统的硬件连接

导语：

    数控机床电气系统的硬件连接包括系统部分的连接和外围机床电气的连接，硬件的连接是数控机床电气系统安装调试的基础，通过硬件连接，才能实现后续的通电和调试。

    通过本项目学习，需要掌握以下内容：

（1）能够认识系统接口名称和含义。

（2）能够认识和使用各种常用机床电气元器件。

（3）能够根据硬件连接说明书进行系统硬件的连接。

（4）能够根据电气图纸进行机床电气的配线连接。

一、知识预习

1. 查询 FANUC 系统硬件连接说明书和教材，能够了解数控系统的硬件组成。

2. 根据硬件连接图分析 FANUC 系统硬件连接分为哪几部分？

3. 查询机床电气与 PLC 教材，复习常用机床电气元件使用及控制方法。

4. 查询 FANUC 系统硬件连接说明书和教材，认识 FANUC 系统中的常用接口。

二、知识强化

（一）请同学们根据【FANUC 系统硬件手册】及教材理论知识内容的学习，完成下面题目。

    1. 数控系统的主板一般安装在_____。

    2. 请同学们根据目前 FANUC 生产的 0i-D/0i-Mate-D 包括加工中心/铣床用的 0i-MD/0i Mate-MD 和车床用的 0i-TD/0i Mate-TD，填写各系统的型号配置，见表1。

表1 数控机床各型号配置表

系统型号	机床型号	放 大 器	电 机
0i-D 最多五轴			
0i-Mate-D 最多4轴			

3. 根据图1所示主板接口代码的含义，填写表2。

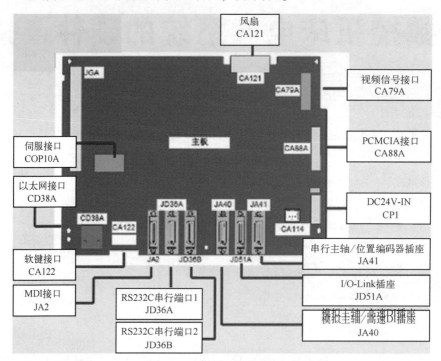

图1 FANUC 数控系统主板接口

表2 FANUC 0i 数控系统主板

接口连接号	接 口 名 称	接口代码所代表的含义

续表

接口连接号	接口名称	接口代码所代表的含义

4. 查阅教材中 FANUC 0i 数控系统的结构相关内容，填写表 3。

表 3　FANUC 0i 数控系统的结构

结　　构	功　　能

5. 手工绘制出 FANUC 0i 系统接口连接图（简图即可，描述清楚主板与伺服放大器、I/O LINK 等模块之间的关系）。

（二）填空题

1. FANUC i 系列机箱共有两种形式，一种是_____，另一种是_____。

2. 远程缓冲器是用于以_____向_____提供大最数据的可选配置。远程缓冲器通过一个_____连接到主计算机或输入/输出装置上。

3. FANUC 0i 系统的输入电压为_____，电流约 7 A。伺服和主轴电动机为_____输入。

4. 系统电源和伺服电源通电及断电顺序是有要求的，不满足要求会_____或损坏驱动放大器，原则是要保证通电和断电都在_____的控制之下。

5. 无论是内装式结构还是分离式结构，它们均由"_____"和"_____"组成。

6. FANUC 0i-TD 系统主机硬件包括主印制电路板（PCB）、控制单元电源、图形显示板、_____板、_____板、I/O 接口板、存储器板、子 CPU 板、扩展的轴控制板和_____板等。

7. FANUC 0i 系统控制单元由_____和_____两个模块构成。主板模块包括_____、内存、PMC 控制、_____控制、伺服控制、主轴控制、内存卡 I/F、LED 显示等；I/O 模块包括电源、_____、_____、MDI 控制、显示控制、手摇脉冲发生器控制和_____等。

（三）判断题（正确的划"√"，错误的划"×"）

1. 当使用 FANUC DNC2 接口并将 IBM PC-AT 作为主计算机时，主计算机在转到接收状态时，取消 RS（变为低电压）。在这种情况下，CNC 侧的 CS 必须连接到 CNC 侧的 ER。　　　　　　　　　　　　　　　（　　）

2. LCD 具有视频信号微调控制器。控制器要能消除 NC 单元与 LCD 之间的轻微偏移，无须在安装或在更换 NC 的显示单元硬件、显示单元或电缆时将控制器调整好以消除故障。　　　　　　　　　　　　　　　　　（　　）

3. FANUC 0i 系统的输入电压为 DC24V+20%，电流约 7 A。　　（　　）

4. FANUC 0i 系统 DNC2 提供位置数据接口。　　　　　　　　（　　）

5. 强电是 24 V 以上供电，以电器元件、电力电子功率器件为主组成的电路。
　　　　　　　　　　　　　　　　　　　　　　　　　　　　（　　）

6. 数控机床的主要故障是机械系统的故障。　　　　　　　　　（　　）

7. 数控系统中的参数无须事先备份。　　　　　　　　　　　　（　　）

8. 数控机床应尽量避免长期不用。数控机床长期不用时，为了避免数控系统的损坏，应对数控系统进行定期维护保养。　　　　　　　　　　　　（　　）

9. 数控机床的电气系统要具有高可靠性。　　　　　　　　　　（　　）

10. PLC 装置是计算机数控系统的核心。　　　　　　　　　　　（　　）

11. 检测装置（又称反馈装置）只对数控机床运动部件的速度进行检测。（　　）

12. 控制代码 M（辅助功能）、S（主轴功能）、T（刀具功能）是由 CNC 发出的。　　　　　　　　　　　　　　　　　　　　　　　　　　（　　）

13. 电器元件有使用寿命限制，正常使用下会大大降低寿命。　　（　　）

14. 数控系统只要正常使用，电器元件不会老化和损坏。　　　　（　　）

15. 印制电路板长期不用容易出现故障，因此，数控机床中的备用电路板应定期装到数控系统中通电运行一段时间，以防损坏。　　　　　　　（　　）

16. 闭环数控机床的精度取决于丝杠的精度。　　　　　　　　　（　　）

17. 检测装置通常安装在机床的工作台、丝杠或驱动电动机转轴上，相当于普通机床的执行机构和人的四肢。　　　　　　　　　　　　　　　（　　）

（四）选择题

1. 数控机床 PLC 接受 CNC 装置的控制代码 M（辅助功能）、S（主轴功能）、T（刀具功能）等顺序动作信息，对其（　　　）进行，转换成对应的控制信号。

　　A. 译码　　　　　　B. 纠错　　　　　　C. 编程　　　　　　D. 逻辑处理

2. 数控机床电气系统强电电路是指工作电压为（　　　）V 以上。

　　A. 36　　　　　　　B. 110　　　　　　C. 24　　　　　　　D. 220

3. 为防止数控装置过热，当数控柜内的温度超过（　　　）时，应及时加装空调装置。

　　A. 25～45℃　　　　B. 10～80℃　　　　C. 55～60℃　　　　D. 70～80℃

4. 通常，数控系统允许的电网电压范围在额定值的（　　　）。

　　A. 70%～120%　　　B. 85%～110%　　　C. 50%～140%　　　D. 80%～110%

5. 按照数控机床使用说明书中的规定，每（　　　）清扫检查一次。

　　A. 两个季度　　　　　　　　　　　　B. 一年或两个季度

　　C. 两年或四个季度　　　　　　　　　D. 半年或一个季度

（五）绘制数控机床电气控制系统电气原理图

1. 绘制数控系统电源控制原理图。

2. 绘制 FANUC 数控车床主轴控制电气原理图。

3. 绘制 FANUC 数控车床进给系统电气控制原理图。

4. 绘制 FANUC 数控系统电动刀架控制电气原理图。

5. 绘制 FANUC 数控系统冷却系统控制电气原理图。

项目三
FANUC PMC 编程与调试

导语:

  PMC 就是可编程机床控制器,将符号化的梯形图程序转化为一种机器语言格式,通过 CPU 对其进行译码和运算,将结果存储在 RAM 和 ROM 中,CPU 高速读取其指令并输出执行。PMC 是实现数控机床控制的重要组成部分,通过此项目的学习要掌握以下内容:

  (1) 熟悉 FANUC PMC 的工作原理。

  (2) 能够对 FANUC PMC 进行地址分配。

  (3) 能够进行数控机床车床工作方式程序的调试。

一、知识预习

  1. 回顾机床电气课程所学内容,重点复习 PLC 原理、地址及编程特点。

  2. 根据数控机床电气装调与维修教材,预习 FANUC PMC 定义、工作原理、地址及常用指令(建议绘制思维导图)。

  3. 讨论数控车床有哪些工作方式?各种工作方式的执行过程是怎样的?

二、知识强化

  (一) 填空题

  1. 数控机床梯形图的设置时改变梯形图的颜色。可以设置梯形图各元件如_____、_____等的颜色。

  2. 有效网格的"输入部分"由_____和_____组成,输入部分操作的结果必须有_____。输入部分必须至少包括一个_____或_____,而_____可以不包括任何东西。

  3. 编辑模式在屏幕右上端显示为"创建模式"或"修改模式"时,按下[MOD-

IFY]软键进入网格编辑画面时，为"_____"；按下[CREATE]软键进入网格编辑画面，为"_____"。

4. [INSLIN]：插入行，在光标位置插入一个_____，_____或垂直下方的图形元素都将_____平移一行。在功能指令框的中间进行插入行操作将会在_____方向扩展指令框，使输入条件之间_____一行空间。

5. [INSCLM]：插入列，在光标位置插入一个_____，光标位置或_____的图形元素都将_____平移一列。如果没有空间平移元素，将会_____一个新列并且图形区域将_____扩展。

（二）判断题（正确的划"√"，错误的划"×"）

1. [———┤]：绘制水平连线，绘制水平连线或将一个已有的继电器改变为水平连线。　　　　　　　　　　　　　　　　　　　　　　　　　　（　　）

2. [………┤]：擦除继电器和功能指令，擦除光标位置的继电器和功能指令。
　　　　　　　　　　　　　　　　　　　　　　　　　　　　　　（　　）

3. [↑———]、[———↑]：绘制和擦除垂直连线，绘制光标位置的继电器或水平连线左右两侧的向上垂直连线，或擦除已有的垂直连线。　　（　　）

4. [NXTNET]：进入上一个网格，结束编辑当前网格，进入上一个网格。（　　）

5. 如果属于在梯形图编辑画面下按下[MODIFY]软键进入网格编辑画面的情况，按下[NXTNET]软键将结束当前网格的编辑，并编辑下一个网格。　　（　　）

6. 如果是在梯形图编辑画面下按下 [CREATE] 软键进入网格编辑画面的情况，按下[NXTNET]软键将结束当前网格的创建，并将其插入梯形图，然后创建一个新的初始为空的网格，该网格将被插入到当前网格的下一处。　　　　　　（　　）

（三）选择题

1. 数控机床梯形图编辑设定画面地址颜色（　　　　）。
　　A. 绿色　　　　　　B. 黑色　　　　　　C. 黄色　　　　　　D. 淡蓝色

2. 数控机床梯形图编辑设定画面图表颜色（　　　　）。
　　A. 黑色　　　　　　B. 绿色　　　　　　C. 黄色　　　　　　D. 淡蓝色

3. 数控机床梯形图编辑设定画面选择网格颜色（　　　　）。
　　A. 绿色　　　　　　B. 黄色　　　　　　C. 黑色　　　　　　D. 淡蓝色

4. 数控机床梯形图编辑设定画面受保护网格颜色（　　　　）。
　　A. 绿色　　　　　　B. 淡蓝色　　　　　C. 黑色　　　　　　D. 黄色

5. 数控机床梯形图编辑画面软键切换至程序列表编辑画面的软键是（　　　　）。
　　A. LIST　　　　　B. SEARCH　　　　C. MODIFY　　　　D. CREATE

6. 数控机床梯形图编辑画面软键搜索并切换菜单的软键是（　　　　）。
　　A. SEARCH　　　　B. LIST　　　　　C. MODIFY　　　　D. CREATE

7. 数控机床梯形图编辑画面软键切换至网格编辑画面的软键是（　　　　）。

A. SEARCH　　　　B. LIST　　　　C. MODIFY　　　　D. CREATE

8. 数控机床梯形图编辑画面软键创建新网格的软键是（　　　）。

A. SEARCH　　　　B. LIST　　　　C. CREATE　　　　D. MODIFY

（四）方式选择信号是由 MD1、MD2、MD4 三个编码信号组合而成的，可以实现程序编辑 EDIT、存储器运行 MEM、手动数据输入 MDI、手轮/增量进给 HANDLE/INC、手动连续进给 JOG、JOG 示教、手轮示教，此外，存储器运行与 DNC1 信号结合起来可选择 DNC 运行方式。手动连续进给方式与 ZRN 信号的组合，可选择手动返回参考点方式：

方式选择的 PMC 输入信号 MD1（G43.0）、MD2（G43.1）、MD4（G43.2）、DNC1（G43.5）、ZRN（G43.7），方式选择的 PMC 输出信号为 F。

PMC 与 CNC 之间相关工作方式的 I/O 信号见表 4。

表 4　PMC 与 CNC 之间相关工作方式的 I/O 信号

运行方式	PMC→CNC 信号					CNC→PMC 信号 F
	G43.7 ZRN	G43.5 DNC1	G43.2 MD4	G43.1 MD2	G43.0 MD1	
EDIT 编辑	0	0	0	1	1	F3.6
MEM 自动	0	0	0	0	1	F3.5
MDI	0	0	0	0	0	F3.3
HND 手轮	0	0	1	0	0	F3.1
JOG 手动	0	0	0	0	1	F3.2
REF 回零	1	0	1	0	1	F4.5

数控维修实训台数控操作面板通过 I/O link 总线与 CNC 系统连接，查找地址填写面板输入/输出信号，见表 5。

表 5　面板输入/输出信号表

输入信号（按钮）	输入 X 地址及符号	输出信号（灯）	输出 Y 地址及符号
EDIT		EDIT	
MEM		MEM	
DNC		DNC	
MDI		MDI	
HND		HND	
JOG		JOG	
REF		REF	

（五）编写 PMC 程序

1. 编写任意方式选择按键按下接通内部继电器 R。

2. 编写方式选择信号 G43.0，并自锁。

3. 编写方式选择信号 G43.1，并自锁。

4. 编写方式选择信号 G43.2，并自锁。

5. 编写方式选择信号 G43.7，并自锁。

6. 编写工作方式确认 Y 信号，由 F 接通 Y。

项目四
FANUC 系统参数的设置

导语：

　　FANUC 数控系统参数调试是数控机床调试的重要环节，合适的参数是实现机床功能最优化的保证。通过本项目学习，要达到以下要求：

　　（1）了解 FANUC 0i 数控设备的参数类型。

　　（2）掌握参数显示与设置的方法。

　　（3）能够对 FANUC 数控车床进行参数调试。

一、知识预习

1. 据教材和 FANUC 参数说明书分组讨论参数设置的目的和意义。

2. 通过教学资源学习参数显示和参数设置的方法。

3. 查阅资料，搜集参数设置在数控机床调试与维修中的应有案例。

二、知识强化

（一）填写下列表格

1. 根据教材及其他学习资源，完成表 6 所示内容。

表 6　参数的数据类型

数 据 类 型	有效数据范围	备　　注

2. 根据系统参数内容填写表 7。

表 7　系统参数

参　数　号	数　　值	参数说明

3. 根据轴设定参数填写表 8。

表 8　轴设定参数

参数号	设定值			参数定义
	X 轴	Y 轴	Z 轴	

续表

参数号	设定值			参 数 定 义
	X 轴	Y 轴	Z 轴	

4. 根据伺服设定参数的设置填写表9。

表 9 伺服设定参数

参 数 名	X 轴	Z 轴

（二）填空题

1. FANUC 数控系统的参数按照数据的形式大致可分为＿＿＿＿型和＿＿＿＿型。其中位型又分位型和位轴型，字型又分字节型、字节轴型、字型、字轴型、双字型、双字轴型。＿＿＿＿参数允许参数分别设定给各个控制轴。

2. 在参数设定完成后，最后一步就是将"＿＿＿＿"重新设定为"＿＿＿＿"，使系统恢复到参数写入为＿＿＿＿的状态。

3. 位型参数就是对该参数的 0~7 这八位单独设置"＿＿＿＿"或"＿＿＿＿"的数据。

4. 有的参数在重新设定完成后，会即时起效。而有的参数在重新设定后，并不能立即生效，而且会出现报警"000 需切断电源"，此时，说明该参数必须＿＿＿＿，重新打开电源方可生效。

5. 在进行参数设定之前，一定要清楚所要设定参数的＿＿＿＿和允许的＿＿＿＿范围，否则的话，机床就有被损坏的危险，甚至危及人身安全。

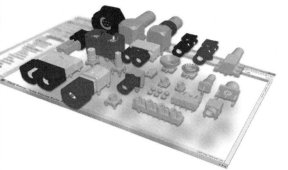

项目五
模拟主轴的调试

导语：

　　数控车床以采用模拟主轴居多，只有合理设置数控系统主轴控制参数，才能使数控系统与机床主轴功能相匹配，从而使数控机床的主轴性能达到最佳。

　　通过本项目学习，要求达到的目标：

　　(1) 掌握模拟主轴的硬件连接。

　　(2) 能够调试模拟主轴的相关参数。

　　(3) 掌握常用变频器的使用。

一、知识预习

1. 通过教材和 FANUC 硬件连接说明书，复习数控系统是如何与主轴连接的。

2. 通过各种教学资源学习变频器的工作原理。

3. 搜集变频器控制应用的各种案例，并分组讨论。

二、知识强化

（一）绘制一幅 FANUC 数控车床模拟主轴的电气原理图（变频器种类不限）。

（二）填写 FANUC 数控车床主轴参数设置，见表 10。

表 10　模拟主轴参数设置表

序　号	参　数　号	设　置　数　值

（三）简答题

1. 造成主轴电动机不能启动或运行的原因有哪些？应怎样处理？

2. 造成主轴电动机振动异常的原因有哪些？怎样处理？

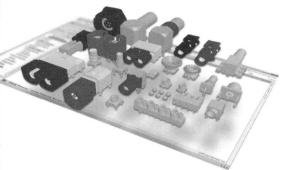

项目六
电动刀架的调试

导语：

　　电动刀架是数控车床最常用的换刀装置，它通过电气来实现机床的自动换刀动作。本项目以四工位电动刀架为载体。电动刀架的换刀动作可以分为刀架抬起、刀架转位和刀架锁紧等几个步骤，其动作过程是由 PMC 进行控制的。电动刀架的调试主要是 PMC 程序的调试。

　　通过本项目的学习，需要达到的目标如下：

　　（1）掌握四方刀架 PMC 程序控制的基本原理。

　　（2）能够对 FANUC 0i 数控系统四方刀架 PMC 程序进行调试。

一、知识预习

　　1. 根据所学数控车床编程与加工内容，分组讨论数控车床电动刀架的动作过程。

　　2. 搜集电动刀架故障案例，并结合在加工实训中遇到的问题进行思考，分析数控车床电动刀架常见的故障。

二、知识强化

　　1. 电动刀架在某一刀位转动不停，其余刀位正常转动，分析故障的原因。

2. 某数控车床电动刀架忽然出现故障，在按下手动换刀按键后刀架没有任何动作，请分析所有可能的故障原因。

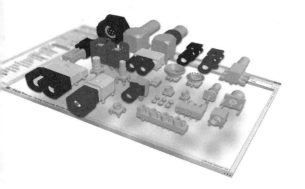

项目七
FANUC 系统诊断与维护
画面的应用

导语：

  FANUC 数控系统诊断与维护画面是数控系统自诊断功能的一部分，通过诊断与维护画面的应用可以较好地进行故障的快速初步判断。诊断与维护画面的应用可以作为数控机床故障诊断与维修的重要辅助手段，应用这个方法往往可以达到事半功倍的目的。

  通过本项目的学习，需要达到的目标如下：

  （1）掌握 FANUC 数控系统故障诊断画面的内容。

  （2）能够应用故障诊断画面下进行常见故障的判断。

一、知识预习

  1. 根据教材和参考资料，学习 FANUC 系统诊断画面的内容。

  2. 搜集利用诊断画面进行故障诊断的案例，并分组讨论怎么应用故障诊断画面。

二、知识强化

  1. FANUC 数控系统诊断画面分成哪几部分？

2. 某数控车床产生"SV411"报警，通过诊断画面观察，会看到什么现象，试分析所有可能产生故障的原因。

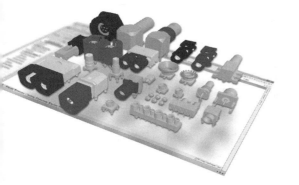

项目八
参考点的设置与调整

导语：

参考点是构建数控机床坐标系的基础，参考点正确与否直接影响加工的质量和尺寸。准确设置参考点对数控机床正常工作非常重要。

通过本项目学习，要达到以下目标：

（1）掌握回参考点的分类及原理。

（2）能够进行各种类型参考点的设置。

一、知识预习

1. 根据所学数控编程与加工内容，回顾参考点的定义，并讨论数控车床和数控铣床中参考点的异同，并分析原因。

2. 搜集回参考点的故障案例，根据教材和参考资料，分析回参考点的原理，并尝试分析产生回参考点故障的原因。

二、知识强化

（一）填空题

1. FANUC 0i 系列数控系统可以通过三种方式实现回参考点：_____回参考点、_____回参考点、_____回参考点。

2. 所谓增量方式回参考点，就是采用_____，工作台快速接近，经减速挡块减速后低速寻找_____作为机床参考点。

3. 使用绝对位置检测器时，在进行第 1 次调节时或更换绝对位置检测器时，必须将其设定为_____，再次通电后，通过执行手动返回参考点等操作进行绝对位置检测器的_____设定。由此，完成_____与_____检测器之间的位置对应，此参数即被自动设定为_____。

4. 传统的增量式编码器，在机床断电后不能将_____保存，所以每遇断电再开电后，均需要操作者进行返回_____操作。20世纪80年代中后期，断电后仍可保存机床_____的绝对位置编码器被用于数控机床上，其保存_____的"秘诀"就是在机床断电后，机床微量位移的信息被保存在编码器电路的_____中，并有后备电池保持数据。

5. 当更换电动机或伺服放大器后，由于将反馈线与电动机航空插头脱开，或电动机反馈线与伺服放大器脱开，必将导致_____与_____脱开，_____中的位置信息即刻丢失。再开机后会出现300#报警，需要重新建立_____。

6. FANUC公司使用电气栅格"GRID"的目的，就是可以通过_____参数的调整，在一定量的范围内（小于参考计数器容量设置范围）灵活地微调参考点的精确位置。

（二）判断题（正确的划"√"，错误的划"×"）

1. "GRID"信号可以理解为是在所找到的物理栅格基础上再加上"栅格偏移量"后生成的点。 （　　）

2. 所谓绝对回零（参考点），就是采用增量位置编码器建立机床零点，并且一旦零点建立，无须每次开电回零。 （　　）

3. 传统的增量式编码器，在机床断电后不能将零点保存，所以每遇断电再开电后，均需要操作者进行返回零点操作。 （　　）

4. 外置脉冲编码器与光栅尺的设置，通常，将电动机每转动一圈的反馈脉冲数作为参考计数器容量予以设定。 （　　）

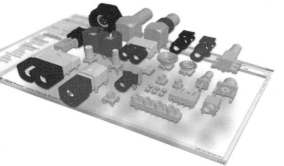

项目九
数据备份与恢复

导语：

  数控机床的 CNC 与计算机一样，系统中的重要数据需要及时备份，便于日后数据丢失时恢复。数控系统亦是如此，数据的备份就是将系统数据存储到系统以外的介质中；而数据的恢复即将数据恢复到系统以外的介质中所记录的状态。

  通过本项目学习要达到如下目标：

  （1）能够在正常画面下进行数据的备份与恢复。

  （2）能够进入引导区画面进行数据的备份与恢复。

一、知识预习

1. 根据教材预习数控机床的数据分类。

2. 课外通过上网或其他途径查询资料，了解数据备份的目的和方法。

二、知识强化

（一）填空题

1. 使用绝对脉冲编码器时，将_____数据恢复后，需要重新设定参考点。

2. 买了存储卡第 1 次使用时或电池没电了，存储卡的内容被破坏时，需要进行

_____。

  3. 系统数据被分在_____区存储。_____中存放系统软件、机床厂家编写的 PMC 程序以及 P-CODE 程序。_____中存放参数、加工程序、宏变量等数据。

  4. [_____]软键表示从 M-CARD 读取数据，[_____]软键表示把数据备份到 M-CARD。

（二）判断题（正确的划"√"，错误的划"×"）

1. 使用 M-CARD 输入参数时，使用这种方法再次备份其他机床相同类型的参数时，之前备份的同类型的数据将被保存。   （   ）

2. 在 PMC 梯形图的输出时，如果使用 C-F 卡，在 SETTING 画面 I/O 通道中应设定 I/O=1。   （   ）

3. 在程序画面备份系统的全部程序时，输入 O-9999，依次按[PUNCH]、[EXEC]软键可以把全部程序传出到 M-CARD 中（默认文件名为 PROGRAM. ALL）。

（   ）

4. 常用存储卡的容量为 512 KB，SRAM 中的数据也是以 512 KB 为单位进行分割后进行存储/恢复，现在存储卡的容量大都在 2 GB 以上，对于一般的 SRAM 数据就不用分割了。   （   ）